明志◎编著

XING FU DE HUO FA

幸福的活法

本书是一部启迪心灵的最佳著作和修养身心的幸福书!

中国长安出版社

图书在版编目(CIP)数据

幸福的活法 / 明志编著. —北京：中国长安出版社，2013.5

ISBN 978-7-5107-0604-2

Ⅰ. ①幸… Ⅱ. ①明… Ⅲ. ①幸福－通俗读物 Ⅳ. ① B82-49

中国版本图书馆 CIP 数据核字(2013)第 095853 号

幸福的活法

明志 编著

出版：中国长安出版社

社址：北京市东城区北池子大街 14 号(100006)

网址：http://www.ccapress. com

信箱：ccapress@yahoo. com. cn

发行：中国长安出版社　全国新华书店经销

电话：010-85099947　85099948

印刷：三河市航远印刷有限公司

开本：710 毫米×1000 毫米　1/16

印张：17

字数：200 千字

版次：2013 年 7 月第 1 版　　2013 年 7 月第 1 次印刷

书号：ISBN 978-7-5107-0604-2

定价：32.80 元

幸福一生的活法

“你幸福吗？”“幸福是什么？”面对这样的问题，许多人坦诚地说：“自己缺东少西，所以自己不幸福！”但也有人说：“自己拥有健康的身体就是幸福”“家庭和睦就是幸福”“自己深爱一个人和被人深爱着就是幸福”……

不可否认，幸福才是我们每个人一生中最关心、最重要的人生追求。但现实生活中，有多少人会承认自己领悟到了幸福的真谛，又有多少人得到了真正的幸福？

有人说：“我宁愿坐在宝马车里哭，也不愿坐在自行车上笑。”但也有人说：“我宁愿坐在自行车上笑，也不愿意坐在宝马车里哭。”也许，有人会不解地问：“为什么有些人拥有的很少，他（她）怎么就那么容易满足，什么都没有怎么还那么快乐、那么幸福呢？我比他（她）拥有的更多，但为什么幸福却离我那么遥远？”

其实，人生旅途中，明白自己需要什么只是一种本能，而明白自己不需要什么才是理智。生活中，当你站着时羡慕坐着的，坐着时羡慕躺着的，躺着时羡慕睡着的……如此，那幸福只会离你越来越远！

对于幸福的人来说，幸福无处不在，简单地触手可得，招之即来，尽管他们拥有的很少，但他们懂得知足常乐就是幸福；对于那些不幸福的人来说，幸福离他们永远是那么的遥远，就算他们拥有再多，但他们的欲望不断扩张，永远得不到满足，所以这样的人是很难感受到幸福的！

可以说，幸福并不能以任何标准去评判，人们对幸福的理解各有不同，对幸福的理解与追求也是永远没有止境的。

也许你会问：那么幸福到底是什么？其实，人生之福，在乎一心。幸福与否，关键在于一个人的心态和生活态度。幸福并不与财富、地位、声望、婚姻同步，幸福只是你心灵深处的一种自我满足、平和淡泊、舍得放下、包容忍让、自在生活的心理状态和心理感受。如果说快乐是生理的，那么幸福是精神的。懂得幸福实质的人，即使生活在酸咸苦辣中也能酿造出人生的甜酒。

所以，当我们一无所有的时候，我们也能够说：我很幸福！因为我还有健康的身体。当我们不再享有健康的时候，坚强的人依然会愉悦地说：我很幸福！因为我还有一颗健康的心。甚至当我们的心也将老去的时候，乐观的人仍旧会微笑着说：我很幸福！因为我曾经生活过！

总之，幸福离我们并不远，幸福存在于我们生活的每一个角落、每一个瞬间，它需要我们用心去发现、去感觉。只要你愿意去开启它，愿意相信自己，那么幸福就会常在。

善于抓住幸福的人才懂得什么是幸福。一直以为感受幸福是件很困难的事，那是一种灯火阑珊处的境界。经过岁月的流年以后，才明白，拥有幸福其实并不难，只要心灵有所满足、有所慰藉就是幸福。所以，你觉得自己是幸福的，那么你就是幸福的！

本书内容通俗易懂，故事经典哲理，融知识性、哲理性、趣味性为一体，能够有效地帮助读者在阅读中得到轻松，在休闲中感悟幸福的真谛与方法。是所有想拥有幸福人生的人最想要的幸福书！

目　录
Contents

第三章 舍得放下的自在是拥抱幸福的境界

第四章 吃亏得福的成果是拥抱幸福的收获

第五章 感恩付出的行为是拥抱幸福的桥梁

第六章 善待逆境后的愉悦是拥抱幸福的气度

第七章 乐善好施的善举是拥抱幸福的快乐

第八章 难得糊涂的艺术是拥抱幸福的智慧

第九章 包容豁达的安逸是拥抱幸福的胸怀

第十章 家庭和谐的氛围是拥抱幸福的基石

第一章

平和淡然的心态是拥抱幸福的前提

生活正如一杯黄河的水置于我们的心中，清澈的是幸福，混浊的是痛苦。如果你的心情不能保持平静，“泥沙”就会上升，你的生活就会变得“混浊”；假如你的心境能保持平静淡然，“泥沙”自然就会沉淀，你的生活就会因此变得清澈。因此，要想拥抱幸福与快乐，就需要保持一颗平和淡然的心境，方能练就驱除私心杂念、抵御外部干扰的力量与智慧，这样就可以令混浊之水变得清澈，让你真正感受到生活的美好和幸福。

净化心灵，探寻幸福

净化自己的心灵非常重要，或许你根本没想到自己一直用主观的思考而忽略客观的存在。无论你追求感情的丰富还是事业的进步，你都有必要反观自己的心灵，探寻通向幸福的路。

不要随着外在事物流转而变动，把心放在可以安定的位置，任凭风浪起，稳坐钓鱼台！你且静看那莲花初绽，出于淤泥，却依旧心净气洁，不染尘丝。

一个人心情的好坏受很多条件的影响。曾经有人这样说："你不能左右天气，那你就改变心情。"所以，无论是悲痛时，还是幸福时，注重塑造心境很重要。

有一位虔诚的佛教信徒，每天都从自家的花园里，采撷鲜花到寺院供佛。

一天，当他正送花到佛殿时，碰巧遇到无德禅师从法堂出来，无德禅师非常欣喜地说道："你每天都这么虔诚地以香花供佛，来世当得庄严相貌的福报。"

信徒非常欢喜地回答道："这是应该的，我每天来寺礼佛时，自觉心灵就像洗涤过似的清凉，但回到家中，心就烦乱了。我这样一个人，如何在喧嚣的城市中保持一颗清净的心呢？"

无德禅师反问道："你以鲜花礼佛，相信你对花草总有一些常识，我现在问你，你如何保持花朵的新鲜呢？"

信徒答道："保持花朵新鲜的方法，莫过于每天换水，并且在换水时把花梗剪去一截；因为花梗的一端泡在水里容易腐烂，腐烂之后，水分就不易吸收，就容易凋谢！”

无德禅师道：“保持一颗清净的心，其道理也是一样。我们生活的环境像瓶里的水，我们就是花，唯有不停净化我们的身心，修养我们的气质，并且不断地忏悔、检讨，改进陋习、缺点，才能不断吸收到大自然的养分。”

信徒听后，欢喜地作揖，并且感激地说：“谢谢禅师的开示，希望以后有机会亲近禅师，过一段寺院中禅者的生活，享受晨钟暮鼓、菩提梵唱的宁静。”

无德禅师道：“你的呼吸便是梵唱，脉搏跳动就是钟鼓，身体便是庙宇，两耳就是菩提，无处不是宁静，又何必等机会到寺院中生活呢？”

是啊，热闹场合亦可做道场；只要自己保持一颗清净的心，哪里不可宁静呢？如果不具有清净的心，即使住在深山古寺，一样无法修行。

正如六祖慧能所说不是风动、不是幡动，是人者心动，心才是无法宁静的本源。

在生活中，我们每个人都像那被情感、家庭、社会所缠绕的信徒一样，找不到安心的所在；唯有像佛祖一样讲觉悟，好好地在自己的身上下工夫，从内心的观照里，去修正自己的一言一行，才不至于觉得无休止的劳苦。

外在的纠葛、事业的忙碌，心就没有办法安宁，更无法净化；我们在闲暇的时刻，应该抬起头来，看看屋外的松林，听听松涛的呼唤，眺望远处的大海以及满风的帆船，我们的心会对生命重新看待，得到新的认识，从而感到幸福其实就在我们身边。

金钱≠幸福

钱这东西不能没有，但是也不是越多越好。为了钱，有的人不惜任何手段；为了钱，有的人甚至铤而走险，只因为那句名言“有钱能使鬼推磨”。

不管现代生活是怎样地需要金钱，我们教育子女时，都要千方百计使他们相信，工作、兴趣和快乐才是一切，金钱，应该只是附带的东西。

买买提是一位快乐的新疆小姑娘。她的父亲失业后，全家靠吃羊市上卖剩的羊杂碎过活。一天，她在一个商场的柜台里看到了一只带红色塑料花的小发卡，顿时她便发疯般地迷上了它。她赶紧跑回家去央求妈妈给一元钱。母亲叹了口气(一元钱能买1斤羊杂碎呢)，但父亲说：“给她钱吧，要知道这么便宜的价格就能为孩子买到快乐，今后是不会再碰上了。”那时，买买提就明白，这一元钱所能买到的是比金子还贵重的快乐。

别计较金钱，让自己变得满身“铜臭味”，要知道，快乐的生活才是最重要的，毕竟金钱买不来幸福。

镇里的老街上有一个铁匠铺，铺里住的是一个老铁匠，他已经80多岁了，身体却还是很强健，过去给人打斧头、打铁犁，不过近几年他主要以打拴宠物狗的链子为营生。他的经营方式非常古老和传统，人坐在门内，货物摆在门外，不吆喝，不还价，晚上也不收摊。你无论什么时候从这儿经过，都会看到他在竹椅上躺着，眼睛微闭着，手里拿着一只半导体小收音机，身旁是一把紫砂壶，他每天的收入，正够他喝茶和吃饭的。他觉得自己老了，已不再需要多余的东西，因此非常满足。

一天，一个文物商人从老街上经过，偶然间看到老铁匠身旁的那把紫砂壶古朴雅致，紫黑如墨，有清代制壶名家戴振公的风格。他走过去，顺手端起那把壶，发现壶嘴处有戴振公的印章，商人惊喜不已，因为戴振公在世界上有捏泥成金的美名。据说他的作品现在仅存三件，一件在美国纽约州立博物馆里，一件在我国台湾故宫博物院，还有一件在泰国一位华侨手里。

商人想以15万元的价格买下那把壶。当他说出这个数字时，老铁匠先是一惊，后又拒绝了，因为这把壶是他爷爷留下来的，他们祖孙三代打铁时都喝这把壶里的水，他们的汗也都来自这把壶。

壶虽没卖，但商人走后，老铁匠有生以来第一次失眠了。这把壶他用了近60年，并且一直以为是把普普通通的壶，现在竟有人要以15万元的价钱买下它，他转不过神来。

过去他躺在椅子上喝水，都是闭着眼睛把壶放在小桌上，现在他总要坐起来再看一眼，这让他非常不舒服。特别让他不能容忍的是，当人们知道他有一把价值连城的茶壶后，蜂拥而来，有的问还有没有其他的宝贝，有的甚至开始向他借钱。他的生活被彻底打乱了，他不知该怎样处置这把壶。

当那位商人带着20万元现金，第二次登门的时候，老铁匠再也坐不住了。他召来左右店铺的人和前后邻居，当众把那把壶砸了个粉碎。

现在，老铁匠还在卖拴小狗的铁链子，他已经98岁了。

人生的财富不仅仅是钱财，它的内涵很丰富，钱财之外还有很多很多，还有比钱财更重要的。可惜，世间有很多人看不到这一点，许多烦恼由此而生。他们难与幸福结缘，却常常要和不幸结伴同行。

金钱不是生活中最重要的。如果你要做一个快乐的人，一定记住不要让自己变成金钱的仆人——当金钱变成你的生活目标时，你就很难体会到生活带给你的简单的乐趣了。

钱并不等于幸福！人生真正的幸福和欢乐浸透在亲密无间的家庭关系中。因而，有钱不一定幸福，幸福不一定需要太多的钱。对金钱过多的追求，只会让幸福更加遥远，使你更加盲目和孤独，惟有抛掉对金钱的欲望，才能真正与幸福牵手。

活得从容就要看淡名利

名利是一个非常富有吸引力的字眼，同时也是许多人立足社会、搏击人生的主动力。自古以来，功名利禄就是一些人的人生奋斗目标。有多少人为了光宗耀祖、福荫万世而削尖了脑袋挤仕宦之途，又有多少人因为人生的不得意而郁郁寡欢。综观古今，在这个世界上，春风得意、踌躇满志的人毕竟还是少数，历史上留下来的更多的还是众多为名和利所困扰、所击败的悲剧。生活的道路本来是很宽阔的，人生的价值也并不全是能够用名和利来衡量的，因此，若想活得轻松自如些，你就应该看淡名利，活出生活的本色来。

孟子曾经说过："养心莫善于寡欲：其为人也寡欲，虽有不存焉寡矣；其为人也多欲，虽有存焉寡矣。"如果一个人心中的欲望是很有限的，那么对于他来说，外界获得的东西是多是少都与自己无关，少了不足以产生内心的不平衡，而多了也不会助长他的欲望。而假若一个人心中时刻充满着无尽的欲望，那么他永远也不会有舒心的时候。名轻利少则一心想着往上爬、挣大钱，名成利收之后，欲望却又会再一次膨胀。如此循环下去，永远追求着名利，直至生命的尽头仍然不知满足。这样的生命还能有多大意义?

一个人如若具备看淡名利的人生态度，那么面对生活，他也就更易于找到乐观的一面。他所看到的是人生值得讴歌的部分，而对可望而不可及的空中楼阁没有兴趣。现代人面对着花花绿绿的精彩世界，更应当有淡名寡欲的思想，如此方能在纷繁的世界里，在众多的不公平中，在自己的心中，构筑一片宁静的田园。

要能够在纷繁的大千世界始终保持着平和的心态，就要有穷通达观的人生态度。所谓穷通达观的人生态度，就是指“穷亦乐，通亦乐”：身处贫穷之中能够找到生活的乐趣，感到快乐；身处富裕之中也能够心态平和，享受生活之乐。说到底，在生活中我们应该始终保持乐观的生活态度，采取一种顺应命运、随遇而安的生活方式，那么不管是处于顺境还是逆境，我们都能过快乐的、自由自在的生活而不会庸人自扰，不会羡慕那些有钱的大款和老板，不会抱怨自己的命不好。

一对夫妻年轻时共同创业，到了中年终于小有成就，公司净资产一千多万，而且发展势头良好，提起这对夫妻档，商界的朋友都伸大姆指。然而就在他们的事业如日中天的时候，两人却隐退了，他们辞去了董事长、总经理的位置，将大部分股份卖给一个他们平时就很欣赏的企业家，将房子和车委托给好朋友照管，两个人就潇洒地环游世界去了。消息传出后，大家都觉得太可惜，一些亲戚朋友也不理解，讽刺他们说：“年纪这么大了，办事却像小孩子一样，那么大的家业说丢就丢，放着好好的老总不做，偏要去环游世界!”

在一些人眼里，这对夫妻确实很傻，竟然抛下名利，从此以后，他们再也体验不到当老总前呼后拥的风光，大把大把赚钱的乐趣了。其实，这对夫妻自有他们对生活的理解和选择，他们抛弃了虚名浮利增感受生活的真正乐趣。

名，是一种荣誉，一种地位。有了名，通常可以万事亨通，光宗耀祖。名这东西确实能给人带来诸多好处，因而不少人为了一时的虚名所带来的好处，会忘我地去追求名。

然而，沉溺于名会让你找不到充实感，让你备感生活的空虚与落寞。尤为可怕的是，虚名在凡人看来往往闪耀着耀眼的光芒，引诱你去追逐它。尽管虚名本身并无任何价值可言，也没有任何意义，但是总有那么一些人为了虚名而展开搏杀。真正体会到生命的意义、人生的真谛的人都不会看重虚名。其实，实在没有必要为了得到一个毫无价值、毫无意义的虚名而去勾心斗角，弄得邻里打得头破血流，朋友反目成仇，兄弟自相残杀。

钱，是一种财富，是让生活更加舒适的保证。有了钱，就可以住豪宅，开名车，吃大餐，在一些人眼里，金钱甚至是一种带有魔力的，可以让人为所欲为的东西。

然而任何事情都有相反的一面，金钱也会给你带来很多麻烦。比如有了钱以后，你就得为自己的安全担扰，谁知道哪个家伙是不是正打着“劫富济贫”的算盘；有了钱，你就会失去很多朋友，你可能会担心对方是不是冲着你的钱来的……

人的一生面临许多关卡，许多事情都是难以预料的。不管是名分地位还是财富，都不是自己所能决定的。或许高官厚禄、巨额钱财在顷刻之间就会离你而去，荣耀风光成为黄粱一梦；一些人老谋深算，为了争名夺利，不择手段地算计他人，可在突然之间却已被他人算计。人何必活得这么辛苦，又何必活得这么低贱？因此，淡泊名利是人生幸福的重要前提。如果你渴望轻松，渴望真正地获得生命的意义，那么请记住——看淡名利。

如果你的心里还在为领导这次提拔了别人而没有提拔你感到愤愤不平，如果你还在因为与你一起购买体育彩票的邻居中了大奖而你却什么也没有得到而久久不能释怀消气，那么看了上面的几个例子，你是不是觉得有所悟？

世上本无事，庸人自扰之

其实每一个人的心都是自由的，如果你感叹心太累，那么一定是你自己锁住了自己。“世上本无事，庸人自扰之”，何必做一个自筑牢狱的庸人呢？跳出来吧，快乐正在等着你。

三伏天，禅院的草地枯黄了一大片。“快撒点草种子吧!好难看哪!”小和尚说。

师父挥挥手：“随时!”

中秋，师父买了一包草籽，叫小和尚去播种。

秋风起，草籽边撒、边飘。“不好了!好多种子都被吹飞了。”小和尚喊。

没关系，吹走的多半是空的，撒下去也发不了芽。”师父说：“随性!”

撒完种子，跟着就飞来几只小鸟啄食。“要命了!种子都被鸟吃了!”小和尚急得跳脚。

“没关系!种子多，吃不完!”师父说：“随遇!”

半夜一阵骤雨，小和尚早晨冲进禅房：“师父!这下真完了!好多草籽被雨冲走了!”

“冲到哪儿，就在哪儿发!”师父说：“随缘!”

一个星期过去了。原本光秃的地面，居然长出许多青翠的草苗。一些原来没播种的角落，也泛出了绿意。

小和尚高兴得直拍手。

师父点头：“随喜!”

“随时、随性、随遇、随缘”概括了人生多少自然，多少豁达！不妄求、不贪恋、不慌乱、不躁进，一切自然随意，人生还会有太多的东西可以让你寝食难安，愁眉不展吗？很多的东西都是人人想要的。为此，世事纷争、你恨我怨，但有几人可以如愿？为何不开释自己的心灵，无私无欲？让自己跳出心灵的圈子，卸下包袱，心境恬静一点？

不要幻想生活总是那么圆圆满满，也不要幻想在生活的四季中享受所有的春天，每个人的一生都注定要跋涉沟沟坎坎，品尝苦涩与无奈，经历挫折与失意。

洒脱一点，得失存乎于世，弃之于心，人生难免看尽落英缤纷，风华早谢。停留与驻足不应该是你人生失意时的选择，抬眼望天，太阳永远光彩夺目，月亮永远以暗夜作幕。生活不可求全责备，披着阳光的色彩前行，生活才会有光明照耀。细细想来，其实你完全可以很快乐，就像下面这个寓言中烦恼少年的经历一样。

有一天，他来到一个山脚下。只见一片绿草丛中，一位牧童骑在牛背上，吹着悠扬横笛，逍遥自在。

烦恼少年看到了很奇怪，走上前去询问：“你能教给我解脱烦恼之法么?”

“解脱烦恼?嘻嘻!你学我吧，骑在牛背上，笛子一吹，什么烦恼也没有。”牧童说。

烦恼少年试了一下，没什么改变，他还是不快乐。

于是他又继续寻找。走啊走啊，不觉来到一条河边。岸上垂柳成阴，一位老翁坐在柳阴下，手持一根钓竿，正在垂钓。他神情怡然，自得其乐。

烦恼少年又走上前问老翁：“请问老翁，您能赐我解脱烦恼的方法么?”

老翁看了一眼忧郁的少年，慢声慢气地说：“来吧，孩子，跟我一起钓鱼，保管你没有烦恼。”

烦恼少年试了试，不灵。

于是，他又继续寻找。不久，他路遇两位在路边石板上下棋的老人，他们怡然自得，烦恼少年又走上前去寻求解脱之法。

“喔，可怜的孩子，你继续向前走吧，前面有一座方寸山，山上有一个灵台洞，洞内有一位老人，他会教给你解脱之法的。”老人一边说，一边下着棋。

烦恼少年谢过下棋老者，继续向前走。

到了方寸山灵台洞，果然见一长髯老者独坐其中。

烦恼少年长揖一礼，向老人说明来意。

老人微笑着摸摸长髯，问道：“这么说你是来寻求解脱的?”

“对对对！恳请前辈不吝赐教，指点迷津。”烦恼少年说。

老人答道：“请回答我的提问。”

“有谁捆住你了么?”老人问。

“……没有。”烦恼少年先是愕然，尔后回答。

“既然没有人捆住你，又谈何解脱呢?”老人说完，摸着长髯，大笑而去

烦恼少年愣了一下，想了想，有些明白了：是啊!又没有任何人捆住了我，我又何须寻找解脱之法呢？我这不是自寻烦恼，自己捆住自己了吗?

少年正欲转身离去，忽然面前成了一片汪洋，一叶小舟在他面前荡漾。少年急忙上了小船，可是船上只有双桨，没有渡工。

“谁来渡我?”少年茫然四顾，大声呼喊着。

“请君自渡!”老人在水面上一闪，飘然而去。

少年拿起木桨，轻轻一划，面前顿时变成了一片平原，一条大道近在眼前。少年踏上大路，欢笑而去。

跳出心灵牢狱的方法在你自己的手里，没有人可以左右你的思想，如果你依然用烦恼自扰，别人也不可能帮上你的忙。因为无人可以把他的意志强加在你的头上。境由心造，要想快乐，何不自己跳出来?

坦然让你的生活幸福快乐

当轰轰烈烈的人生被人留恋时，坦然放手同样值得驻足欣赏！坦然也是一种幸福，更是人的一种良好修养。人当以一颗坦然之心走过人生风风雨雨，顺其自然地收获酸甜苦辣的幸福果实。

有一位诗人曾经说过：人生就像一柄刚打造的剑，需要用磨石来不断地打磨，剑才会变得锋利；一块璞玉需要经过粗石的打磨，这里的打磨，对人来说就是一种考验。在人生的意外出现时，要以一颗平常心来对待，坦然处置。

有时候，很多人会禁不住这样感叹："活着真累。"那些不顺心的日子，也总感觉活得真烦。在寻找了千百个理由之后，蓦然回首曾经走过的那些岁月才发现，生活赐予自身的一切都和别人一样，呈现在自身视野中的生活，和别人也没有差别，所不同的仅仅是，很多人的胸襟中缺少一份"坦然"。

霍尔金娜是我们熟知的俄罗斯体操女选手，她的风采至今仍留在很多人的脑海里。

霍尔金娜1985年开始体操训练，她身材高挑气质优雅，艺术表现力尤其出众，个性也很突出。她参加了自1994年以来的所有世锦赛，共夺得10金9银3铜共21枚奖牌，其中包括1995~2003年的高低杠五连冠和三次全能冠军。

但是在2004年雅典奥运会上，霍尔金娜却遭遇了体操岁月中的劫难，这位十多年以来一直保持着在大型比赛中高低杠项目不败纪录的霍尔金娜，在比赛的时候，却从高低杠上、从她从来没有失手过的高低杠上，意外摔了下来。在那一刹那，霍尔金娜眼神里闪过某种特别的神色，但她立刻又恢复了坦然，重新站起来，完成了所有的动作，然后从容退场。这一次，她最终仅以8.925分的成绩排名垫底，失去了完成奥运三连冠梦想的机会。

在品味了无数次胜利与欢笑之后，霍尔金娜收获了失败，但她只是淡然一笑，离开了心爱的赛场，告别了辉煌的体操生涯，脸上却始终挂着微笑，永远是那样成熟而优雅。她说“我并不觉得自己是第二，我认为自己是第一”。“我只想说，我尽力了”。

意外总是在不经意间出现，生活中更没有绝对的稳妥和公平。许多意外发生时，注定了你会失去某些东西，但对于像霍尔金娜这样的人来说，她能以一颗坦然之心去对待。凡事都应该以坦然相待，对人生的诸多事情，要保持一份淡然。

生活中的很多事情都无需我们过多忧虑，世界万物都是自然而然，平等平常的。事物的发展运动也是自然而然的，以一颗幸福心去对待，就会让心更加坦然。一年四季里，有风和日丽也有雷电交加，一切都很平常。

由此，突然想起这样的一句话“坦然让你的生活幸福快乐。”其实，这不正是对坦然最好的诠释么？

坦然，是一种失意后的乐观；坦然，是沮丧时自我的一种调整。坦然，其实就是平淡中的一份自信！坦然是一份快乐！更是一种潇洒！

人因为坦然，于是内心美丽；因为美丽，于是人的人生更加幸福。

在人生中，许多的成败与得失，并不是我们都能预料到的，许多事情也并不是我们都能够承担得起的，但只要我们努力去做，求得一份付出后的坦然，其实得到的也是一种幸福！

假如生活给我们的只是一次又一次的挫折，一次又一次的失败，其实，这也没什么，因为那只是命运剥夺了我们高贵活着的权力，但并没有夺走我们活得快乐和幸福的权力。

没有草原的芬芳，我们可以有小草的青翠；没有蓝天的蔚蓝，我们可以有白云的飘逸；没有大海的壮阔，我们可以有小溪的悠然。

因为生活里是没有旁观者的，每个人都有一个属于自己的位置，每个人也都能找到一种属于自己的精彩。

坦然，会让我们的生活幸福而快乐！

欲望少一些，快乐多一些

下面这个故事，也许大家都很熟悉，但是在大家继续重温的时候，请别忘记思考。

有个乞丐，每天以乞讨维持生活，却一直很快乐。直到有一天，他在路上捡到了一个袋子，袋子里有99枚金币。乞丐很开心，可是不久他就想，现在是99枚金币，还差一枚就是100枚金币了。我要努力攒到100枚金币，以后，我还要有1000枚金币。

他每天很早就起床去乞讨，不要食物只要钱。可是，钱是很难讨到的，他讨得很艰难。日子一天天过去了，他的脸上再也没有了过去那样的笑容。人们问他，为什么不快乐了？他说，我是乞丐，有什么好快乐的！心里又说，快点让我攒到100枚金币吧，那样我才能快乐。

于是，乞丐每天就这么过着，身体越来越消瘦，终于在还差16美分的时候他病倒了。就在他奄奄一息的时候，有个富翁经过。富翁惊奇地问乞丐：你没有捡到我的一袋金币吗？那里有99枚金币。我因为觉得你很辛苦，所以故意将那袋金币放在你必经的小路上。乞丐说，是，我捡到了那袋金币。富翁又问，那你为什么不拿金币去过好日子呢？为什么不拿去看病呢？当得知乞丐是为了攒到100枚金币时，富翁毫不犹豫地拿出一枚金币递给了乞丐。乞丐接过金币就立即昏了过去。

这时，一个游僧经过，赶紧给乞丐诊治。当从富翁口中了解到事情的原委后，游僧长叹了一口气说，完了，他没救了。因为当他有了99枚金币的时候他就会想要100枚，这就是每个人都不可避免的贪欲，贪欲夺走了他的快乐。你要救他，就得向他索回那99枚金币 ，那样他或许还有救。现在，你反倒满足了他的欲望，重病的他就失去了支撑下去的动力了。富翁忙去看乞丐，发现乞丐已经断了气。

生活中充满诱惑，它无所不在，而且往往都令人难以抗拒。尤其是当我们意志不坚定的时候，诱惑总是以最迷人的姿态，在来不及抗拒之际，将我们掳去成为它的俘虏。对于欲望，人们无法拒绝，总是不满足眼前所拥有的，一味地追求不可能得到的东西，从而给自己带来不必要的痛苦，甚至是致命的结果，比如那个乞丐。因此，人必须要懂得知足，只有知足才能得到幸福。不知足的人只会让生活变得愈加沉重，不再富有情趣。

太多的追求，只能让自己活得太累，太多的牵涉和羁绊只会让自己日渐憔悴。如果我们在各种诱惑面前，能够有所节制和约束，不是多欲、纵欲，而是知足常乐，把欲望约束在法律和道德允许的范围内，那就会免除许多烦恼，生活就会充满快乐，人生境界就能得到拓展和升华。

人生好像一条河，有其源头，有其终点。不管生命的河流有多长，最终都要到达终点，流入海洋，人生终有尽头。活着的时候，少一点儿欲望，多一点快乐，有什么不好呢？

欲望的边缘坚守一颗平和宁静的心

投入生活，就会受到来自于诸多方面烦恼的干扰，常常会令我们身心疲惫、痛苦不堪，然而心病还需心药医，只有我们从内心摆脱这些烦恼的束缚、将它们全部抛开，才能让心灵得到真正的轻松，享有幸福时刻。

在当今这个时刻所谓呼唤英雄的时代，人们总是在无休止地攀比，在徒劳中挣扎，在摈弃逆来顺受懦性的同时，也失去了心境的平静。而在这个以成败论英雄的社会，我们真的需要一点放下所谓的烦恼，谁说跟命运抗争就一定会赢呢，或许命运本身就是对的！所以，我们也该卸下强出头的烦恼，顺其自然，或许，这样的心境能让我们有种“柳暗花明又一村”的惊喜！

《坛经》中慧能禅师一语道破“风动”与“幡动”的本质皆为“心动”。内心空明、不被外界所扰，这是坐禅者应该达到的基本境界，也是人们行事处世的幸福之本。

佛眼禅师曾做过一首名为《无题》的诗偈，正好诠释了慧能禅师的意思：

春有百花秋有月，夏有凉风冬有雪。

若无闲事挂心头，便是人间好时节。

此偈的首两句描写大自然的景致：春花秋月，夏风冬雪，皆是人间胜景，令人赏心悦目，心旷神怡。然而禅师将话锋一转又说，世间偏偏有人不能欣赏当下拥有的美好，而是怨春悲秋，厌夏畏冬，或者是夏天里渴望冬日的白雪，而在冬日里又向往夏天的丽日，永无顺心遂意的时候。这是因为总有“闲事挂心头”，纠缠于琐碎的尘事，从而迷失了自我。只要放下一切，欣赏四季独具的情趣和韵味，用敏锐的心去感悟体会，不让烦恼和成见梗住心头，便随时随地可以体悟到“人间好时节”的佳境禅趣。

只要我们正在经历生活，就免不了会有一些事情占据、藏在心间挥之不去，让我们吃不下、睡不着，然而这些事情却并非那些重要而让我们非装着不可的事情，只是我们忧人自扰罢了。

有这样一位成功的商人，虽然赚了几百万美元，但他似乎从来不曾轻松过。

他下班回到家里，刚刚踏入餐厅中。餐厅中的家具都是胡桃木做的，十分华丽，有一张大餐桌和六张椅子，但他根本没去注意它们。他在餐桌前坐下来，但心情十分烦躁不安，于是他又站了起来，在房间里走来走去。他心不在焉地敲敲桌面，差点被椅子绊倒。

他的妻子这时候走了进来，在餐桌前坐下。他说声你好，一面用手敲桌面，直到一个仆人把晚餐端上来为止。他很快地把东西一一吞下，他的两只手就像两把铲子，不断把眼前的晚餐一一铲进口中。

吃过晚餐，他立刻起身走进起居室。起居室装饰得富丽堂皇，意大利真皮大沙发，地板铺着土耳其的手织地毯，墙上挂着名画。他把自己投进一张椅子中，几乎在同一时刻拿起一份报纸。他匆忙地翻了几页，急急瞄了瞄大字标题，然后，把报纸丢到地上，拿起一根雪茄。他一口咬掉雪茄的头部，点燃后吸了两口，便把它放到烟灰缸去。

他不知道自己该怎么办。他突然跳了起来，走到电视机前，打开电视机。等到画面出现时，又很不耐烦地把它关掉。他大步走到客厅的衣架前，抓起他的帽子和外衣，走到屋外散步。他持续这样的动作已有好几百次了。

这位商人在事业上虽然十分成功，但却一直没有学会如何放松自己，未能体会到什么是幸福。他是位紧张的生意人，并且常常放不下公司里的那些琐碎事情。他没有经济上的问题，他的家是室内装饰师的梦想，他拥有 4 部汽车，但他却觉得自己不幸福。为了争取成功与地位，他已经付出了自己全部的时间去获得物质上的成就，然而，在他拼命工作、拼命赚钱的过程中，却迷失了自己。

假如我们能够适时地将心中的那些烦心琐事抛开，解放迷茫的内心世界，心境自然会变得悠游自适，我们也就会感觉很幸福。

幸福的人凡事都往好处想

凡事让自己往好处想，才不会受负面情绪的影响，日子过得幸福滋润，怡然自在，反之，如果你总是从坏的一面看问题，它会抑制你的进取心，让你被忧虑侵蚀。因此，获得幸福的人总会战胜这种不良情绪。

凡事都向好处想，是人的一种积极进取的人生态度。在如今瞬息万变的社会形势下，每个人都面临着更多的挑战、更多的机遇。遇事往好处想，才能弱化挑战、放大机遇，以饱满的热情把握机遇，增加成功的机会。

遇事不要总是拼命往坏的一面想，自找烦恼，死钻牛角尖，不问自己得到了什么，只看自己失去了多少，结果情况越来越糟糕，心情越来越低落。其实任何事情都有坏的一面和好的一面，如果能从积极的方面看问题，那么就会有一个截然不同的结果，做起事来也就会更加得心应手。有这样一则民间故事：

有位秀才第二次进京赶考，住在一个以前住过的店里。考试前一天他接连做了两个梦：第一个梦是梦到自己在墙上种高粱；第二个梦是下雨天，他戴了斗笠还打伞。这两个梦似乎有些深意，秀才第二天就赶紧去找算命的解梦。算命的一听，连拍大腿说："你还是回家吧，你想想，高墙上种高粱不是白费劲吗？戴斗笠还打雨伞不是多此一举吗？"秀才一听，心灰意冷，回店收拾包袱准备回家。店老板非常奇怪，问："不是明天才考试吗，你怎么今天就回乡了？"秀才如此这般解说了一番，店老板乐了："咳，我也会解梦的。我倒觉得，你这次一定要留下来。你想想，墙上种高粱不是高种(中)吗？戴斗笠打伞不是说明你这次是有备无患吗？"秀才一听，觉得店老板的话比算命的更有道理，于是精神振奋地参加考试，居然中了个榜眼。

角度不同，对问题的看法各有所异，有人积极，有人消极。消极思维者只看坏的一面，对事物总能找到消极的解释，最终他们也将得到消极的结果。而积极思维者却更愿意从好的方面考虑问题，并通过自己的努力，得到一个积极的结果。所有这一切正如叔本华所言："事物的本身并不影响人，人们是受到对事物看法的影响！"

佛教讲"无常"，凡事可以变好，凡事也可以变坏。悲观的人永远都是想到自己只剩下百万元而担忧，乐观的人却永远为自己还剩下一万元而庆幸。面对金黄的晚霞映红半边天的情景，有人叹息："夕阳无限好，只是近黄昏。"也有人想到的却是："莫道桑榆晚，晚霞尚满天。"面对半杯饮料，有人遗憾地说："可惜只有半杯了。"有人庆幸地说："尚好，还有半杯可饮。"不同的人对同一件事有不同的心情，不同的心情必然有不同的结果。

每个人都有自己的生活，都有选择精彩人生的机会，关键在于你的态度。态度决定人生，这是惟一一件真正属于你的权利，没有人能够控制或夺去的东西就是你的态度。如果你能时时注意这件事实，你生命中的其他事情都会变得容易许多。

凡事往好处想，就会觉得人生幸福无比。人生没有绝对的苦乐，只要凡事肯向好处想，自然能够转苦为乐、转难为易、转危为安。海伦·凯勒说："面对阳光，你就会看不到阴影。"积极的人生观，就是心里的阳光！

消极的人多抱怨，积极的人多希望。消极的人等待着生活的安排，积极的人主动安排、改变生活。而积极的心态是幸福的起点，它能激发你的潜能，愉快地接受意想不到的任务，悦纳意想不到的变化，宽容意想不到的冒犯，做好想做又不敢做的事，获得他人所企望的发展机遇，你自然也就会超越他人。而如果让消极的思想压着你，你就会像一个要长途跋涉的人背着沉重而无用的大包袱一样，使你看不到希望，也失掉体验幸福的精彩时刻。

只要你保持一颗幸福心，凡事都往好处想，踏实做事，生活便会向你敞开怀抱，露出笑脸。要知道，换一种角度看世界，世界就会因你而不同。保持平和心态，从容地面对生活，是人生的一种崇高境界。保持一颗轻松平和的心，结合实际环境创造出新的生活方式。你自主的选择也必将赋予你一个更加轻松愉悦的自我。

用平常心去看待得失

无论是冠耀光环还是受到屈辱，都能稳住心气，而不影响欣赏庭院前的花开花落；无论是位居官场还是辞而退之，都并不介意于怀，心境就好像远天飘动的云彩一样，舒卷自如。

人生在世，得失常有。就人生来说，喜与忧、乐与愁，名与辱、成与败，都是自然的事，正是这些不同的情景呈现和不同的情绪感受构成了阅历丰满的人生。为此，无论是在顺境还是失意时，都应保持一颗平常心，做到“不以物喜，不以己悲”。

老子《道德经》中也曾说过这样的话：“宠辱不惊，贵大患若身。何谓宠辱不惊？宠为下，得之若惊，失之若惊，是谓宠辱若惊。何谓贵大患若身？吾所以有大患者，为吾有身，及吾无身，吾有何患？故贵以身为天下，若可寄天下；爱以身为天下，若可托天下。”

一般来看，道家思想是退缩的、保守的，但它有些话正切合了理论，尤其在为人处世上，主张以不伤害生命和真性为前提，也就是人是自在的，只有这种心性与自然达成和谐，才是最恰当的，否则就违反天性与人性。

人活在世上，总想比别人有钱，比别人有势，也因此惹是生非，种下苦根。于是聪明人意识到了这一点，待功名如粪土，视富贵如浮云，得不足喜，失不足忧，该放则放，该收则收。把“宠辱不惊，去留无意”视作一种自然的境界。

《庄子·田子方》中有这样一个故事：

泰山之神肩吾问孙叔敖：“三次出任令尹却不显出荣耀，你三次被罢官也没有露出忧愁的神色，起初我确实不敢相信，如今看见你容颜是那么欢畅自适，你的心里究竟是怎样的呢？”

孙叔敖说：“我哪里有什么过人之处啊！我认为官职爵禄的到来不必去推却，它们的离去也不可以去阻止。我认为得与失都不是出自我自身，因而没有忧愁的神色。况且我不知道这官爵是落在他人身上呢，还是落在我身上？落在他人身上吗，那就与我无关；落在我的身上，那就与他人无关。我正心安理得悠闲正在，我正踌躇满志四处忙碌，哪里有闲暇去顾及人的尊贵与卑贱啊！”

可以说，由此我们可以看到心性而宽阔、豁达而空灵，这正是人生的高深修养和极大智慧。客观来说，人生在世，很多时候宠辱得失并非为自己所能轻易控制的，要做到宠辱不惊，需要有看淡世事的胸怀。或许受宠时，做到淡然处之还算容易；而受辱时，要做到处之泰然则很难，只有胸襟宽广的人才能做到。

唐代文学家、哲学家刘禹锡，出生于一个书香门第，自幼天资聪颖，敏而好学。19岁游学长安，21岁与柳宗元同榜考中进士，同年又考中博学宏词科，可谓少年得志。（贞元二十一年公元805年），刘禹锡官至屯田员外郎、判度支盐铁案，参加了永贞革新，与王叔文、王□、柳宗元同为政治革新的核心人物，称为“二王刘柳”。半年后，顺宗被迫退位，宪宗即位，革新失败，王叔文被赐死。刘禹锡开始被贬为连州（今广东连县）刺史，行至江陵，然后被贬到朗州（今湖南常德）司马。当时被贬为远州司马的共八人，史称“八司马”，柳宗元也在其中。唐朝的朗州并不是一个好地方，和柳宗元当时呆的永州一样，都是鸟不生蛋的南荒夷地。

中国古代的文人，被贬谪之后，几乎都是嗟叹命苦，所作诗文都可归入“贬怨”一类。刘禹锡被贬朗州的时候34岁，正当壮年，郁闷是肯定的。但是，他能够随遇而安，苦中作乐，恬淡情怀。同样是贬谪十年，再次在长安相遇的时候，柳宗元已是憔悴不堪，刘禹锡却依然是元气充沛。

在长安待召期间，精力旺盛的刘禹锡游玄都观赏桃花，触动被贬官之往事，提笔写下《元和十年自朗州承召至京戏赠看花诸君子》："紫陌红尘拂面来，无人不道看花回。玄都观里桃千树，尽是刘郎去后栽。"大有"看吧，满朝新贵，都是我刘郎被赶出长安后补的空缺"之意。不料，宪宗皇帝看后，觉其轻狂，心生不悦，心想：看来十年时间还收拾不了你！因这首诗"语涉讥刺"，被召回长安的当年，又欲将刘禹锡贬往更为偏远艰苦的播州。中丞裴度言："播，猿□所宅，且其母年八十余，与子死决，恐伤陛下孝治，请稍内迁。"加之柳宗元上奏要求和刘禹锡对调贬谪之所，最终将其改贬为连州刺史。刘禹锡任连州刺史的四年半，体察民情，勤廉守政，力行教育。在这位"怀宰相之才"的诗人治下，当时地处偏远的连州竟然"科第甲通省"。元和十二年间，连州出了第一个进士刘景。刘禹锡欣喜写下《赠刘景擢第》："湘中才子是刘郎，望在长沙住桂阳。昨日鸿都新上第，五陵年少让清光。"之后，刘景之子刘瞻又高中进士，后官至唐朝宰相。在连州呆了几年后，刘禹锡被调任过夔州刺史、和州刺史。由于宰相裴度进言，刘禹锡被召回长安任主客郎中。

时隔十四年，刘禹锡再游玄都观。昔日桃花灼灼，今日却是满地野草。感慨之余，他又写下一首《再游玄都观绝句》："百亩庭中半是苔，桃花净尽菜花开。种桃道士归何处？前度刘郎今又来。"刘禹锡斗志昂然，坚强乐观，几乎把南荒的流贬之地走了个遍。然而，如此气骨桀骜的人物，在政治黑暗的中唐，居然能活到72岁，是以显示了他苦中作乐、宠辱不惊的情怀。

"宠辱不惊，去留无意"是人生的至高境界。有了这种境界，便会宽广豁达，心旷超然，有了这种境界，即使在失意或困境中，也不会被凄凉与悲哀的心境所久久笼罩，从而依然洒脱乐观。

得到了荣誉、宠禄不必狂喜狂欢，失去了也不必耿耿于怀，忧愁哀伤。人生在世，得失常有。喜与忧、乐与愁，名与辱、成与败，都是再自然不过的事，正是这些不同的情景呈现和不同的情绪感受构成了阅历丰满的人生。为此，无论是得意之时还是失意之时，都应保持一颗平常心，做到“不以物喜，不以己悲”、“荣辱毁誉不上心”。

一个人若是能够对于一切荣耀与屈辱都无动于衷，用平静的心情欣赏庭院中的花开花落；对于官职的升迁得失都漠不关心，冷眼观看天上浮云随风聚散，那么活得该是多么的自在快活啊！

第二章

知足常乐的心境是拥抱幸福的关键

人生中，当你站着时羡慕坐着的，坐着时羡慕躺着的，躺着时羡慕睡着的……这样，那幸福只会离你越来越远！那些感叹自己不幸的人，并不是幸福之神从没惠顾过他，而是因为他们心灵的空间挤满了太多的欲望。有了贪念，就永远不能满足；不满足，就会感到欠缺。因此，只有拥有一颗知足的心，才是拥有真正的快乐、真正的宁静和真正的幸福的关键所在。

知足是打开幸福之门的钥匙

人要学会知足，这是构筑幸福生活不可或缺的要素，即便你的境况不那么尽如人意，但只要你把知足放在心中，就能够找到幸福。

不可缺乏进取心和奋斗精神固然没错，但一味地追名逐利反而会得不偿失。只要努力过，且通过努力进步了，收获了，就不要对自己太过苛求，知足才能打开幸福之门。

知足就是对已经得到的东西或者达成的愿望感到满足。知足常乐就是客观地认识和准确地判断已经实现的目标和愿望，并充分肯定目前的状态，从而始终保持愉快、平和的心态。

《达到经济自由的九个步骤》一书的作者奥曼，自己买得起劳力士手表和名牌服饰，开得起豪华跑车，也能够到私人小岛度假，却坦白承认她没有满足感，甚至有好友在旁，她仍然感到孤独。奥曼说："我已经比我梦想的还要富裕，可是我还是感到悲伤、空虚和茫然。财富居然不等于幸福！我真的不知道什么东西才能给我幸福、快乐。"

像奥曼那样，为钱奋斗了大半辈子才悟出"有钱买不来幸福"道理的人不在少数。如果他肯在圣诞假期当中静下心来读读普拉格的《快乐是严肃的题目》这本书，就会感悟出知足才是幸福的奥秘。

没有任何人可以给自己减压，惟有自己，把心态放轻松，把握现在的生活，享受已经得到的幸福。

知足常乐要求我们要有适可而止的精神，它并不是安于现状、不思进取、故步自封，而是对现有的收获充分珍惜，对目前成果的充分享受，也是对现有潜力的充分发掘，为今后的创新和进步提供平台。理性的进取应该以知足常乐的心态为基础。我们在生活中，往往总在考虑自己并未得到的东西，而忽略已经拥有的东西，以达到欲望的满足。不知足导致人们往往会用不正当、不符合伦理的手段达到人们欲望的短暂满足，而由此给人们带来的巨大精神压力和不良的社会效应并不会带来“常乐”，这正是因为没有适可而止的精神和知足常乐的心态而造成的。

知足常乐，能使人心平气和，尤其是在遇到不平事，不公平待遇，心情感到委屈、憋闷或心理不平衡时，多想想已经得到的东西，多品味几遍这几个字，也许很快就能使心情轻松平和起来，将心中的不悦之情，满腹怨恨之气，在心平气和中悄悄释放，使心情由坏变好，达到神安气顺。

知足常乐，能起到开导解劝的作用。记起“知足常乐”这几个字，就会自觉丢掉许多的俗念与贪心，使人变得更加理智与聪明。对人对事，对名对利，对钱对物，目光都能看得更远，并使性格豁达与大度。

知足常乐，又似一剂心灵的良药，很唯物，很现实，也很见效，它告诉人们一个普遍的真理：烦恼多与“不知足”有关。一些心理疾病与精神上障碍的形成，也多与一个人的气不顺、心不平、身心欠调理相连。若一个人能去掉了过分的私欲与贪心，变得知足，就会通情达理，就会少钻牛角尖。“知足”是“常乐”的前提，“常乐”是“知足”的结果。二者相辅相成，互为因果。

知足常乐正是一种在无穷的欲望和有限的资源之间建立平衡的力量。其实，知足更是一种智慧，常乐更是一种境界。让我们怀着一颗知足感恩的心，为你现在所拥有的幸福欢呼吧！冲出贪欲的束缚，你才能破茧成蝶，才能拥有自由的天空。

不奢恋身外物才能亲吻幸福

拥有花，就去深嗅花的芬芳，拥有草，就去欣赏草的青绿，怀有一颗知足心品尝已有果实和美味，才能亲吻幸福。

人是否幸福，关键看你是否知足。知足才能体会幸福，那些总认为别人的东西都是好的人，是永远没有幸福可言的。一个人在生活中能不过分注意缺憾，知道世上没有十全十美的东西，就会幸福无比。否则，总以抱怨之心，何处不是阴云淫雨，烦恼不尽。

在我们的生活中，到处充满着机会，可以说是能让人丰衣足食。生活中有这么多令人幸福的东西，可我们却变得越来越不幸福。究其原因，就是没有一颗知足的心。有了贪念，就永远不能满足；不满足，就会感到欠缺。因此，一颗知足的心，是真正的喜悦、真正的宁静、真正的幸福。

一个人应当知足，应当安分，不要妄求多取。能够像古圣贤那样对待生活豁然大度，就能身心处于一种幸福的境界，这就是我们所说的幸福的含义。

菩萨在得道之前，是一个大国的国王，名叫察微。有一次，在空闲的日子里，察微王穿着粗布衣服，去巡视民情。他看到一个老头正在愁眉苦脸地补鞋，就开玩笑地问他说：“天下的人，你认为谁是最快乐的?”

老头儿不假思索地回答：“当然是国王最快乐了，难道是我这老头儿呀?”

察微王问：“他怎么快乐呢?”

老头儿回答道：“百官尊奉，万民贡献，想要什么，就能有什么，这当然很快乐了。哪像我整天要为别人补鞋子这么辛苦。”

察微王说："那倒如你讲的。"

他便请老头儿喝葡萄酒，老头儿醉得毫无知觉。察微王让人把他扛进宫中，对宫中的人说："这个补鞋的老头儿说做国王最快乐。我今天和他开个玩笑，让他穿上国王的衣服，听理政事，你们配合点。"

宫中的人说："好!"

老头儿酒醒过来，侍候的宫女假意上前说道："大王醉酒，各种事情积压下许多，应该去理政事了。"

众人把老头儿带到百官面前，宰相催促他处理政事，他懵懵懂懂，东西不分。史官记下他的过失，大臣又提出意见。他整日坐着，身体酸痛，连吃饭都觉得没味道，也就一天天瘦了下来。

宫女假意地问道："大王为什么不高兴呀?"

老头儿回答道："我梦见我是一个补鞋的老头儿，辛辛苦苦，想找碗饭吃，也很艰难，因此心中发愁。"

众人莫不暗暗好笑。夜里，老头儿翻来覆去睡不着觉，说道："我究竟是一个补鞋的老头呢？还是一个真正的国王？要真是国王，皮肤怎么这么粗？要是个补鞋的老头又怎么会在王宫里？是我的心在乱想，还是眼睛看错了？一身两处，不知哪处是真的?"

王后假意说道："大王的心情不愉快。"便吩咐摆出音乐舞蹈，让老头儿喝葡萄酒。老头儿又醉得不省人事。大家给他穿上原来的衣服，把他送回原来的破床上。老头儿酒醒过来，看见自己的破烂屋子，还有身上的破旧衣服，都和原来一样，全身关节疼痛，好像挨了打似的。

几天之后，察微王又去看老头儿。老头儿说："上次喝了你的酒，就醉得不晓人事，到现在才醒过来。我梦见我做了国王，和大臣们一起商议政事。史官记下了我的过失，大臣们又批评我，我心里真是惊惶忧虑。做梦都如此，不知道真正做了国王会怎么样？上次说的那些话错了。"

因而菩萨说："莫羡王孙乐，王孙苦难言；安贫以守道，不奢恋身外物才能亲吻幸福。"

人生在世，贵在懂得知足，要有一颗豁达开朗平淡的心，在缤纷多变、物欲横流的生活中，拒绝各种诱惑，心境变得恬适，生活自然就愉悦了。而人之所以有烦恼，就在于不知足，整天在欲望的驱使下，忙忙碌碌地为着自己所谓的“幸福”追逐、焦灼、勾心斗角……结果却并非所想。

古人的“布衣桑饭，可乐终身”是一种不奢恋身外物的典范。“宁静致远，淡泊明志”中蕴含着诸葛亮知足的清高雅洁；“采菊东篱下，悠然见南山”中尽显陶渊明知足的悠然；沈复所言“老天待我至为厚矣”表达着知足的真情实感。更多的时候，知足是融合在幸福生活的意境。

知足才能幸福，是一种人性的本真，在孩童时代，我们会为拥有自己梦想得到的东西而喜上眉梢，笑逐颜开，烙下一串串深刻的记忆。今日重温，也许会忍俊不禁。无论行至何方，所处何位，知足永远都是幸福情真意切的延续。

弱水三千，只取一瓢而饮

适可而止是一句古训，言行蕴含着人们的宽阔情怀，尽显幸福的怡然自得。

生活中，不应该背负太多的贪婪，你只要取得你那一瓢就好，面对种种诱惑，要具有一种适可而止的精神，但不是安于现状，不思进取。理性的进取应该以适可而止为幸福的基础。

没有适可而止的精神，人们往往会用不正当不符合伦理的手段，达到各自欲望的短暂满足，由此给人们带来的巨大精神压力和不良的社会效应也并不会带来“幸福”。

古人云：“天下熙熙，皆为利来；天下攘攘，皆为利往。”人不能病态地沉溺于欲望的满足，而适可而止则是一种心理的健康，一种精神上的节制和坦荡。

只要你有“适可而止”的精神，就能“幸福”，但是如果你只有贪婪的不良心态，那么一辈子都得辛劳，都得“常怨”了。

有一位禁欲苦行的修道者，准备离开他所住的村庄，到无人居住的山中去隐居修行。他只带了一块布当做衣服，就孤身来到山中居住了。后来，他想到当自己洗衣服的时候需要另外一块布来替换，于是他就下山到村里，向村民乞讨一块布当做衣服。村民们都知道他是虔诚的修道者，便毫不犹豫地给了他。

这位修道者回到山中后又发觉，在居住的茅屋里面有一只老鼠，常常会在他专心打坐的时候来咬他那件准备换洗的衣服。他早就发誓一生遵守不杀生的戒律，因此不愿意去伤害这只老鼠，但是他又没有办法赶走它。

于是，他回到村庄中又向村民要了一只猫来饲养。

得到了一只猫之后，他又想到：“猫吃什么呢？我并不想让猫去吃老鼠，但总不能跟我一样只吃一些水果与野菜吧！”于是，他又向村民要了一头奶牛，这样，那只猫就可以靠牛奶维生了。

但是，在山中居住了一段时间以后，修道者发觉每天都要花很多的时间来照顾那头奶牛，于是他又回到村庄中找到了一个可怜的流浪汉，带着他来到山中居住，让他照顾奶牛。

流浪汉在山中居住了一段时间之后，他跟修道者抱怨说：“我跟你不一样，我需要一个太太，我要正常的家庭生活。”修道者一想也有道理，他不能强迫别人一定要跟他一样过着禁欲苦行的生活……

这个故事就这样继续演绎下去，你可能也猜到了，到了后来，也许是半年以后，整个村庄都被搬到山上去了。

这位修道者的本意是找一个清静的地方去参悟修行，但他为了自己方便，贪婪超过了常人，又如何静心修行呢？他原本所期望的目的只会在虚妄中而荒废。正可谓，贪婪的眼睛如果永远不满足，经久了就会被黄土封住。

当今社会，竞争激烈，物欲横流，诱惑无处不在，我们只有从内心告诫自己，要知足，不困于名缰，不缚于利索，以平常心、宁静心面对周围的一切，真诚、善良地为人、处事，才能赢得人生的至乐。

一个人，就算是拥有再多的财富、再高的权力、再大的名气，到了生命的尽头，也只不过是需要“一棺之地”安葬罢了。正所谓：“纵使千年铁门槛，终需一个土馒头。”人生在世，应适可而止，而不要过分柯求太多，以至于“不知足而常怨”。

为利欲膨胀的心减减“肥”

欲望的永不满足不停地诱惑着人们追求物欲，然而过度地追逐利益往往会使人迷失生活的方向，因此，要知道欲望是无止境的，我们要珍惜眼前的幸福，这样才能把握好自己幸福人生的方向。

欲望往往会蒙蔽人的心智，让我们失去理智，做出不可理喻的事情，也让我们心灵无法平静，无法享受到生活的幸福。

有位名人说：“欲望越小，人生就越幸福。”这话，蕴含着深邃的人生哲理。它是针对“欲望越大，人越贪婪，人生越易致祸”而言的。古往今来，欲壑难填所葬送的贪婪者，多得不计其数，故事里的死者，正像《伊索寓言》里所说：“有些人因为贪婪，想得到更多的东西，却把现在所有的也失去了。”

其实，我们每一个人所拥有的财物，无论是房子、车子、票子等，无论是有形的，还是无形的，没有一样属于你的，那些东西不过是暂时寄托于你，有的让你暂时使用，有的让你暂时保管而已，到了最后，物归何主，都未可知，所以智者把这些财富统统视为身外之物。

贪婪，是人性的恶习，贪得无厌者，终毁自身。贪往往给人造成精神上无休止的压力，最终导致无谓的伤害，损人不利己。

民间流传着一首《十不足诗》：

终日奔忙为了饥，
才得饱食又思衣，
冬穿绫罗夏穿纱，
堂前缺少美貌妻，
娶下三妻并四妾，

又怕无官受人欺，
四品三品嫌官小，
又想面南做皇帝，
一朝登了金銮殿，
却慕神仙下象棋，
洞宾与他把棋下，
又问哪有上天梯，
若非此人大限到，
上到九天还嫌低。

这首诗对那些贪心不足者的恶性发展写得淋漓尽致。物欲太盛造成的灵魂变态，就是永不知足，没有家产想家产，有了家产想当官，当了小官想大官，当了大官想成仙……精神上永无宁静，永无快乐，永无止境。

永不知足是一种心理病态，其病因多是权力、地位、金钱之类引发的。这种病态如果发展下去，就是贪得无厌，其结局就是自我毁灭。有这样一个童话故事：

从前，有一座山，山里住着熊妈妈和熊儿子。一天，熊妈妈要出趟远门，便要熊儿子将地里的玉米采回来。熊儿子很爽快地答应了，并打算好好干活，给熊妈妈一个惊喜。

熊妈妈前脚出门，熊儿子后脚就出去干活了。他来到后山的玉米地，那片玉米地好大，望也望不到边，上面长的玉米又多又大。熊儿子一刻也没有耽搁，赶紧到地里掰起玉米来，他掰了一个放在左胳肢窝里，然后又去掰第二个，放在右胳肢窝里，再去掰第三个，可是他一抬手，左胳肢窝里的玉米棒子就掉了，但他没有在意，掰了一个再放到左胳肢窝里；又去伸右手掰另一个，可一抬手，右边的玉米棒子又掉了，但他仍没有在意，继续掰。他想，这么多的玉米，我一定把它们都掰回家。于是他不停地掰，直掰到筋疲力尽，手里仍然只有两个玉米，只得改天再掰。

第二天，他还是犯了同样的错误，又是只拿采回两个玉米。就这样，一天天过去，直到熊妈妈回来，熊儿子只采回了很少的几个玉米回家。

熊儿子很可笑，但你要从他那里得到启示：什么都捞不如咬紧一处。

创业之初的人们，看到众多的机会，往往四处出击，什么都想做，结果什么都没做成功。

事实就是这样，正如俄国作家克雷洛夫所说："贪心的人想把什么都弄到手，结果什么都失掉了。"

"贪心的人想把什么都弄到手，结果什么都失掉了"，是思悟后的清醒，它是超越世俗的大智大勇，谁能做到这一点，谁就会活得轻松，过得自在，遇事想得开。修筑一个无形"桃花源"，才会花香四溢，心情才会舒畅，生活才会多姿多彩。

贪婪是一种顽疾，人们极易成为它的奴隶，变得越来越贪婪。人的欲念无止境，当得到不少时，仍指望可以得到更多，等于是在愚弄自己。

贪婪是一切罪恶之源，贪婪能令人忘却一切，甚至忘记自己的人格；贪婪能令人丧失理智，做出愚昧不堪的行为。因此，我们真正应当采取的态度是：远离贪婪。

真正的幸福源于内心的富足

人生一世，草木一秋，能够幸福地活一生，是每个人心中的梦想。但是怎样才能求得幸福呢？那就是要清醒地知道幸福之道的根本在我们自己。

人的心灵是最富足的，也是最贫乏的。不同的人之所以对生活的苦乐有着不同的感受是因为心灵的富足和贫乏，而绝不是任何外物的客观影响，内心的富足才是幸福之道。

真正的幸福来源于内心的富足，但在现实中又有几个人能做到这一点呢？许多人原本很幸福，往往由于贪心过重，为外物所役使，终日奔波于名利场中，结果却抑郁沉闷，难以享受人生幸福。

古人云："养心莫善于寡欲。"我们如果能够把握住自己的心，驾驭好自己的欲望，不贪得、不觊觎，做到寡欲无求，役物而不为物役，生活上自然能够幸福了。

庄子说过："富有的人，劳累身形勤勉操作，积攒了许许多多财富却不能全部享用，那样对待身体也就太不看重了。高贵的人，夜以继日地苦苦思索怎样才会保全权位和厚禄，那样对待身体也就忽略了。人们生活于世间，忧愁也就跟着一道产生，整日里糊糊涂涂，长久地处于忧患之中，多么痛苦啊！"

有一个农夫，每天早出晚归地耕种一小片贫瘠的土地，但收成却很少。一位官员可怜农夫的境遇，就对农夫说，只要他能不断往前跑，他跑过的所有地方，不管多大，那些土地就全部归给他。

于是，农夫兴奋地向前跑，一直跑一直跑、一直不停地跑！跑累了，想停下来休息，然而，一想到家里的妻子、儿女，都需要更大的土地来耕作、来赚钱啊！所以，他又拼命地再往前跑！真的累了，农夫上气不接下气，实在跑不动了！

可是，农夫又想到将来年纪大，可能乏人照顾，需要钱，就再打起精神，不顾气喘不已的身子，再奋力向前跑！

最后，他体力不支，“咚”地倒躺在地上，死了！

于是有人挖了个坑，就地埋了他。法师在给这个人做法事时说：“一个人要多少地呢？就这么大。”

我们来到这世上时，本来就是赤条条的，一无所有，是上苍赋予了我们生活、亲友以及思想和财物等，上苍待我们何其厚？使我们拥有了这么多，又占据了这么多，可是我们却从来也没有满足过，依然在祈求上苍为我们降下更多的甘霖。

如果你想获得什么，不妨看看自己拥有什么，生活中如能降低一些标准，退一步想一想，就能感觉幸福常在常乐。人应该体会到自己本来就是无所欠缺的，这就是最大的幸福了。

生活不可能也不会按照我们的需求来十足地供应我们，于是，我们便失望了，我们便感觉不幸福了。把钱财、家世、容貌视为荣辱标准的人，一般都不知足，越有越想有，越有欲望越盛；欲望太盛，就会生出邪念，为拥有更多的财权欲而不择手段。由敬财、爱财而贪财、聚财、敛财，甚至于见钱眼开、巧取豪夺、惟利是图、谋财害命。

所以，真正的幸福是内心的满足，而非物质的满足，因为物质是永远无法让人满足的。真正幸福的人知道什么是满足，因为只有在满足中才能体味什么是幸福。

在幸福的人眼里，世界上没有解决不了的问题，没有趟不过去的河，他们会为自己寻找合适的台阶，而绝不会庸人自扰；幸福是一种大度，在幸福的人眼里，一切过分的纷争和索取都显得多余，在他们的天平上，没有比知足更容易求得心理平衡了，这样才会得到一个相对宽松的幸福环境，这难道不值得庆贺吗？

远离功名的烈焰，让生命逍遥自由

能够体味人生的酸甜苦辣，做过了自己所喜欢的事，没有虐待这百岁年华的生命，心灵从容富足，则在富在贫，皆足安心，即所谓“不戚戚于贫贱，不汲汲于富贵”。

人心不足蛇吞象。你什么都想要，到最后可能什么也得不到，反而一辈子将自身置于忙忙碌碌、勾心斗角之中。这样活着，未免太辛苦、太累！

那么，如果人生少一些功名，是不是也会少一些痛苦呢？

有位作家曾说过：“当官为民，有钱没钱，都一样可以活得有滋有味。每个人都有自己的活法，一切都随时空的转移和自身的条件为依据。”所以，远离功名的烈焰，让生命逍遥自由，官大五品，腹中空空，也是虚有官禄。“芝麻绿豆”一个，身怀绝技，照样誉满全球，悠哉快哉！

曾有一个商人坐在墨西哥海边小渔村的码头上，碰见一个渔夫划着一艘小船靠岸，小船上有好几尾大黄鳍鲔鱼。商人对渔夫能捕到这么高档的鱼恭维了一番，接着又问要花多少时间才能捕获这么多鱼？

渔夫说：“才一会儿工夫就捕获到了。”

商人再问：“那你为何不待时间长点，好多捕一些鱼啊？”

渔夫不以为然：“这些鱼已足够我们全家人生活所需啦！”

商人接着问：“那么，你一天剩下那么多时间都在做什么？”

渔夫解说道：“我呀？我每天睡到自然醒，出海捕几条鱼，回来后跟孩子们玩一玩，再回家睡个午觉，黄昏时晃到村子里喝点小酒，跟哥儿们玩玩吉他，我的日子可过得充实而又忙碌呢！”

商人不以为然，帮他出了个主意："你应该每天多花一些时间去捕鱼，到时候你就有钱去买条大一点的船。自然你就可以抓更多的鱼，再买更多的渔船，然后拥有一个属于你自己的渔船队。到时候你就不必把鱼卖给鱼贩子，而是直接卖给加工厂，然后自己开一家罐头工厂。这样，你就可以控制整个生产、加工处理和行销。你就可以离开这个小渔村，搬到墨西哥城，再搬到洛杉矶，最后到纽约，在那里经营你不断扩充的企业。"

渔夫问："这得花多长时间呢？"

商人回答："15到20年。"

"然后呢？"

商人大笑着说："到时候你就发啦！你可以几亿几亿地赚！"

"再然后呢？"

商人说："到那个时候你就可以退休啦！你可以搬到海边的小渔村去住。每天睡到自然醒，出海随便捕几条鱼，跟孩子们玩一玩，再回家睡个午觉，黄昏时，晃到村子里喝点小酒，跟哥儿们玩玩吉他！"

渔夫疑惑地说："我现在不就是在过这样的生活吗？"

听了渔夫的回答，也许你会吃惊，也许你会一时无语。但是我们不得不重新思考这样一个很难回答的问题：我们到底在追寻什么？是快乐？是金钱？还是幸福？

假如在功名利禄之上，持"幸福"的"乐观主义"，一切顺其自然，认认真真地做事，老老实实地做人，得则得，不能得不争；当得没得，不急不恼；不该得，得了，也不要。这才叫幸福，活得轻松，悟得透彻。

其实，生活是一种态度，一种心情，一种选择，一种状态，一种活着的方式。

人总是会说，活得很累，细究起来，生活中的累，除了体力之累，还有精神之累、欲望之累。欲望的满足不是满足，而是一种自我放纵，欲望会带来更多更大的欲望。欲望少一些，幸福和快乐自然多一些。

不要掉进贪婪的陷阱

掉进陷阱里的人，全都是因为贪恋不该属于自己的东西，被不属于自己的东西所诱惑，结果总是得不偿失的。面对诱惑多一些思索、多一分清醒，就不会被生活的陷阱欺骗、套牢了。

钓鱼的人要下饵，骗子往往诱人以小利，许多“聪明人”在见到“甜头”的时候，就忘了“天上不会掉馅饼”的道理，不加防备地走进人家设好的圈套，以至于不得不独自品尝更大的“苦头”。

11岁的布鲁克林和父亲在芝加哥一条热闹的大街上漫步。经过一家服装店，门口站着一个笑容可掬的圆脸男子。他一见布鲁克林他们，立刻向他父亲伸出手来，一副兴高采烈的样子，嚷嚷道：“先生您请进，欢迎您光临本店！我们有一种漂亮的服装，配您的身材再好不过了！今天大减价，您可别错过良机啊！”

布鲁克林的父亲说：“不，谢谢！”他们继续散步。布鲁克林回头扫了一眼，那位能说会道的推销员又缠上了另一个人。他抓着那人的胳膊，边向他介绍一种蓝色带条纹的套装如何如何，边拉着他进了店铺。

“这对康纳利兄弟呀，”父亲轻轻笑道，“他们靠装耳朵聋赚的钱已经供三个孩子上了大学。”

奇怪，装聋也能发财？接着，父亲为布鲁克林解开了疑团。

原来，两兄弟中的一个把顾客哄骗进店里，劝说顾客试试新装是易如反掌的，这样前前后后摆弄一阵，顾客最后总要问道：“这衣服价钱多少？”

这位康纳利先生就把手放在耳朵上大声说：“你说什么？”

“这服装多少钱?”顾客高声又问了一遍。

“噢，价格嘛，我问问老板。对不起，我的耳朵不好。”

他转过身去，向坐在一张有活动顶板的写字台后面的兄弟大声叫道：“康…纳利…先生，这套全毛服装定价多少?”

“老板”站了起来，看了顾客一眼，答话道：“那套吗？72美元!”

“多少?”

“七…十…二美元。”“老板”喊道。

他回过身来，微笑着对顾客说：“先生，42美元。”顾客自认为走运，赶紧掏钱买下，溜之大吉。

这场骗局的妙处，就在于康纳利兄弟的狡猾欺诈与顾客急不可耐的上钩配合默契。生活中这类的事情也屡见不鲜。

一天，胡大爷去城里看望儿子儿媳，走到半路上，突然见到一个精美的首饰盒滚到他的脚边。身旁的一个小伙子眼尖手快，急忙捡了起来，打开一看，里面竟然有一条金项链，还附着一张发票，上面写着某某饰品店监制，售价2800元。胡大爷当即拽住小伙子，让他在原地等候失主；可是等了老半天，还是没人来领。

那个小伙子便小声提议两个人私分，说：“给我一千元，项链归你。”边说边朝巷口走去。胡大爷一听，这怎么可以，但是看看项链，心里就有点动摇了。他心想：“我可以把它送给我的儿媳妇，当年她嫁过来的时候，我们手头不宽裕也没怎么给她买过东西。这次去看他们，正好把这个项链送给她，她一定会很高兴的，这也是我这个做公公的一番心意嘛。”

胡大爷的犹豫没有逃过小伙子的眼睛，他更是一个劲地说这条项链有多好，今天运气好才会遇到的。胡大爷经不住小伙子的游说，便说：“可是我没有这么多钱，我是来城里看我儿子的，身上只带了八百块钱。”

小伙子故作大方地说：“这样呀，没关系，我就吃点亏，谁叫您年纪比我大呢?”

于是，胡大爷就把好不容易凑到的八百块钱给了小伙子，拿着那条金项链美滋滋地向儿子家走去。

一到儿子家，他便把路上的事情跟儿子儿媳说了，还拿出那条金光闪闪的项链送给儿媳妇。小夫妻俩一听就不对，果然，那条项链根本就是假的。

胡大爷这才恍然大悟，原来人家设了一个陷阱让他跳，他非常懊恼，因为那八百块是准备给还没出生的小孙子买东西的。

胡大爷因为贪吃天上掉下来的馅饼而掉进了圈套中，其实，这些陷阱都是人们自己挖掘的；而人生最可怕的，莫过于跳进自己亲手挖下的陷阱中！

世界上没有不劳而获的事情，一分辛苦才能有一分收获。天上是不会掉馅饼，不要被突如其来的实惠或好运迷惑，然而生活中的陷阱实在太多了。金钱、美色、名誉、地位、机遇……其实所有的陷阱都有一个共同的特点：那就是抓住人们不知足而爱贪便宜的心理，使人像中了魔似的无以脱身，轻易地掉进陷阱里。

许多时候，陷阱的设置仅需要蝇头小利，就可以让一些“聪明人”变成傻子，生活在这样一个充满诱惑的时代，你需要保存一分对世事的清醒和知足，才能不被贪欲击败。

惟有知足者方可常乐

面对难填的欲壑，我们应尽量享受已有的。这样，生活就会是真实的，富有质感的，一年 365 日，日日太阳都是常新的。

知足者常乐。这是人们通常说服别人或说服自己，求得心理平衡的语句，也是糊涂修身的原则之一。《老子》也说："知足之足，常足矣"。大则忧国忧民，感时忧愤；小则忧家忧己，往往都是忧多于喜，要说服别人或说服自己还就得这样想。人往高处走，水往低处流，谁不想生活、工作条件好些，精神安逸些？想归想，未必都能一一满足，在各种理想、愿望，甚至连小小的打算都未能成为现实的时候，你就要学会承认和接受现实，并且不消极、不失望，自己寻找心理平衡。在这里比较法很管用，即和过去比，和自己比，而不要和高于自己、强于自己的他人比。比方你总觉得你的收获不如付出的多，那你就应该和付出比你更多、获得比你还少的人比，这样你心里就舒服了。当自己的学业经历多年长进不大时，你应该想想从前的你，还没有现在这么有知识，尽管进步不大但毕竟有了进步。

知足者常乐，多数情况不是指物质条件的获得、物欲的满足，而是要人们不要无限制地追求那些不现实的、得不到的东西。正像卢梭所说的那样："人啊，把你的生活限制于你的能力，你就不会再痛苦了"。一切理想都植根于现实这块肥沃的土壤中。人不可物欲太强烈，有了星星，还想要月亮，有了月亮还想要太阳，乃至于恨不得把整个宇宙都抱在怀里。不知足就必然贪心，人一贪心就容易生出许多恶行，不顾廉耻，甚至违法乱纪，贪污受贿，巧取豪夺，最终不但挖了社会的墙角，伤了他人，也害了自己。

知足者常乐这个原则在你忧愁烦恼之时，会让你找到心理平衡，克服种种不切实际的欲望，特别是物欲。安于现状，知足常乐，但切莫对美好的生活失去信心。

坎坷人生，忧喜参半，酸甜苦辣，五味俱全。也许正因为这样，生活才有滋味，活得才带劲。工农商学兵，五界十三行，三教九流，各色人等，各有各的忧喜。学生为学校是否理想而忧喜；工人为产品积压而忧愁；农民为今年粮食收购不给“白条”而欣喜；文艺家为艺术的低谷而忧虑；教育者为桃李满天下而欣慰；炒金者为股票行情不定而揪心；家庭主妇因蔬菜涨价而叫苦不迭；平民为生计而奔波；总理为国事而操心。忧喜无时无刻不在搅扰着人们，“上帝”最公平，他把忧喜分给了每一个人，只是忧喜的内容和大小不同而已。

“痛点”转移，自得其乐。不知哪位哲人说过，在生活和工作中不是任何付出都会有回报的。确实如此，有时生活存在明显的不公平，不光你自己觉得不公，连周围的民意也认为不公。这时候，千万不可激动，更不能一时冲动，干出无法收拾的傻事来。比如评级长薪，凭你的贡献，你的民意测验，这次的美事就理所当然属于你，但因为只有一个名额，有关方面出于平衡关系或其他考虑，就把美事给了另一个人。在这种情况下，千万要想得开，不能耿耿于怀，忧心忡忡，更不能失去理智。即使从养生之道出发也不必肝火太盛，潇洒地想，一次长薪不就几十块钱吗？不能为几十块钱闹气叫人看低了自己的人格，看小了自己的风度，自己宽自己的心，自己找乐。

有这样一个小笑话：有一个老太太，晴天也哭，雨天也忧。因为她有两女儿，大女儿卖雨伞，二女儿卖冰棍。晴天怕大女儿赚到不钱，雨天怕二女儿赚不到。有位智者开导她说：“你老人家大可不必天天忧心，晴天的时候你就为你二女儿高兴，今天冰棍一定好卖；雨天的时候你就为大女儿高兴，今天雨伞一定卖得好。这要一来，你就变天天哭为天天乐了。”老太太一想果真有道理，怎么我从前就没想到这个理儿呢？

忧和喜是事物带给你的两种心情，只要你不钻牛角尖，懂得“痛点”转移，同一题善于从两面或多个角度去思考，哲理就在你身边，大可不必忧心忡忡，更不用像老太太先前那样哭天抹泪儿。

人活于世，不可为虚名所累。孟子说：有意料不到的赞扬、有过于苛求的诋毁。人生在世，确实有许多偶得的虚名，而这偶得的虚名，自然当真不得。

人活着是为自己活着，不重虚名、不重钱财，如此岂不快活哉！

对于那些不幸福的人，往往是知多知少难知足，就像《渔夫和金鱼》的故事里的老太婆，要了木梳要木盆，要了木盆要木屋，要了木屋要皇宫，要来要去一场空。

欲望如果得不到遏制，只会带来更多更大的欲望，如此循环，你就会被永无止境的欲望所左右，就会为欲望的不能满足而受煎熬折磨，永无宁日，那么人生还有什么滋味？何谈幸福？

一个人应当知足，应当安分，不要妄求多取。能够像古圣贤那样对待生活豁然大度，就能身心处于一种快乐的境界。这就是我们今天所说的经常保持心态平衡的意思。

第三章

舍得放下的自在是拥抱幸福的境界

只有今天的舍得放下，才能成就明天的得到。许多时候，有些人明知坚持无益，还苦苦不舍得放下，最后既让自己痛苦，也给了别人困扰。其实，舍弃与获得是紧紧联系在一起的，不舍得放下只会更加的烦恼、纠结、痛苦，惟有坦然地舍得放手后，才能摆脱烦恼和困惑，使整个身心处于轻松自在的宁静中，就能轻装前行。因此，要想真正拥抱幸福，就必须学会适时舍得放下，才能获得轻松与快乐。

正确舍弃，则是真正把握幸福

人生在世，每个人都要面临很多选择，很多时候，难的不是绝处逢生，因为绝处逢生，是只有一条路，必须往前走；难的是，当你有很多选择的时候，该如何取舍。选择什么，舍弃什么，是一门学问。

因为很多时候，舍弃就是获得。人们常将“舍”与“得”合说成“舍得”，就是因为“舍”之东隅，“得”之桑榆。

如何取舍，才能让内心得到满足，才能最大限度感受到幸福？很多人一生犹犹豫豫，把选择权交给父母、交给恋人，甚至交给宿命，于是迷迷糊糊地走上一条他人指定的人生轨迹，直到失去改变生活的梦想和勇气，才恍然大悟，一切都已经来不及，惟有遗憾。只有把取舍的权利留给自己，让自己去思考、去抉择，无论结果如何，都可以勇敢地去负责。

人的生命本就短暂，刹那芳华，取孰舍孰？如果不懂取舍，胡乱迈出一步，也许将来就要后悔。

人要懂得取舍，因为选择的机会随时会出现，大到选择求学、就业，谈婚论嫁，小到一日三餐。常听到有人说：“哎呀，我们老得太快，如果当初有现在的觉悟和聪慧该多好”。

我们都知道“鱼和熊掌不可兼得”的道理，可是当事情来临时，又总是会贪婪得欲求更多，这时我们往往忘记了“贪心不足蛇吞象”的典故。而真正聪明的人，他淡泊以明志，宁静以致远，从来不贪心地企图占据全部的好事，在幸福满怀的时候，他懂得要舍弃一些给予他人，而用全部的精力去牢牢抓住对自己而言最重要的东西。这样的心你有没有？这样的沉静姿态你有没有？从现在开始，让我们学会做个幸福之人，把握良好心态，在我们的温馨世界里，把爱分给大家，把美好撒播出去，也许，你给予他人的对你不重要的东西却是他人生命里的美丽水晶球。

幸福的人，要懂得沉静，沉静下来，叩问自己的内心，到底需要什么样的生活，究竟什么是自己最大的追求，最不可缺失的梦想？想清楚了，就勇敢地去做，勇敢地去舍弃绊脚石，勇敢地去选择真正属于自己的未来与人生。调整自己的心态，摆正自己的位置，舍旁枝，取主干，只有这样，才不留遗憾。

也许前路坎坷，也许你选择了之后，会有比原先艰难许多的波折，甚至让你后悔做了这个决定，怀疑自己是不是选错了。这个时候，请相信自己，当你考虑清楚并痛下决定的那一刻，必然是已经预料到了未来的艰险，并愿意为之付出，为之努力。

什么样的取舍决定什么样的生活。人生只有三天，昨天、今天、明天。今天的取舍决定明日的生活。

每个人的时间和精力都有限，必须做出一些取舍。在丰富多彩的社会中，只有懂得取舍，才能更好地拥有。人生无时无刻不面临着取舍，有时无关紧要，有时事关重大，有时面临生死。懂得取舍，是如此重要，取舍的正确与否有时关系到事业成败，家庭和谐，甚至个人的身心健康。

人生既漫长又短暂，能够决定一生命运的，只在那几步，当我们年轻时，当我们不懂取舍时，也许总是面临抉择，而当我们有能力选择的时候，往往已经没有多少选择的机会了，这是人生的悲哀。舍弃与获得是紧紧联系在一起的，为了能够获得更多、更长久，我们必须先学会正确、适时的舍弃。

松开手你会拥有更多

生活中，不管你有多努力，总会在不经意间失去某些东西，如果你只顾为失去的东西哀叹悲伤，那么你只会失去更多。因此，适时的放弃与遗忘是一种难得的智慧。

一位从事室内设计的工程师说起关于简约的空间美学的话题时说：“就建筑或者室内设计而言，简约比复杂的难度还要高上许多，因为加上东西是容易的，可是要减掉东西，却需要更多、更敏锐的美学素养与判断。”

其实，懂得放弃的道理，也是人生之中更大、更深的课题。从呱呱落地开始，我们一直学习的都是用加法来面对人生的课题。从生理上的吃饭，心理感情上的得到；知识上的不断学习与吸收，到物质或成就上的累积。

可是，这样的加法却在许多时候，成为卡住我们，让我们困惑、凝滞的关键。因为加法并不是面对人生课题时惟一的方法，有些时候，你必须用“减法”才能够解得开。而所谓的减法，正是松手放下的艺术。

在电影《卧虎藏龙》里，李慕白对师妹说：“把手握紧，什么都没有，但把手张开就可以拥有一切。”以退为进的道理谁都知道，可身体力行，却是困难的。

无论你的选择是什么，你注定会失去一些东西，也注定会在失去的同时获得一些东西。其实有时得到什么、失去什么，我们心里都很清楚，只是觉得每样东西都有它的好处，哪样都舍不得放手。

有这样一道测试题：在一个暴风雨的夜里，你驾车经过一个车站。车站上有三个人在等巴士，其中一个是病得快死的老妇人，一个是曾经救过你命的医生，还有一个是你长久以来的梦中情人。如果你只能带走其中一个乘客走，你会选择哪一个？

很多看过这个测试题只做了简单的选项，事实上最理想答案是：把车钥匙交给医生，让医生带老人去医院，然后和自己的梦中情人一起等巴士。

生活中的你是不是从来不想放弃任何好处，就像不愿放弃那把车钥匙？其实，如果我们可以放弃一些利益，我们反而会得到更多。

“鱼，我所欲为，熊掌，亦我所欲也。”无论你的选择是什么，都注定会失去一些东西，也注定会在失去的同时获得一些东西。

如果摆在你面前的都是重要的东西，那也没关系，看看贝尔纳给你的答案。

贝尔纳是法国著名的作家，一生创作了大量的小说和剧本，在法国影剧史上占有特殊的地位。有一次，法国一家报纸进行了一次有奖智力竞赛，其中有这样一个题目：如果法国最大的博物馆卢浮宫失火了，当时只能抢救出一幅画，你会抢哪一幅？结果在该报收到的成千上万回答中，贝尔纳以最佳答案获得该题的奖金。他的回答是：“我抢离出口最近的那幅画。”

这个故事告诉我们这样一个道理：成功的最佳目标不是最有价值的那个，而是最有可能实现的那个。人的本质都是贪婪的，但真正聪明的人明白“有所得必有所失”，这才是真正的智慧。学会松开你的手，才会抓住更多更好的东西，你才能更快乐、更幸福！

遗忘让你更快乐

上天赐给我们很多宝贵的礼物，其中之一即是“遗忘”。只是我们过度强调“记忆”的好处，却反而忽略了“遗忘”的功能与必要性。生活中，许多事需要你记忆，同样也有许多事却需要你遗忘。

比如，失恋了，总不能一直溺陷在忧郁与消沉的情境里，必须尽快遗忘才能重新获得；股票失利，损失了金钱，心情苦闷提不起精神。你也只有尝试着遗忘，尽快投入到另一场投资才能反败为胜；期待已久的职位升迁，人事令发布后竟然没有你，情绪之低可想而知。解决之道别无它法——只有做到遗忘，以加倍的努力才能在下一次的机会中实现。过去的已经远去，现在和以后才是最最重要的，只有遗忘所有的不快和不顺，才能更好地前进。

有人说，遗忘有时比记住更难。确实，遗忘是需要时间的，如果你连“想要遗忘”的意愿都没有，那么，时间也将无能为力。

一般人往往很容易遗忘欢乐的时光，对于不快的经历却常常记起，实际上这是对遗忘的一种抗拒。换言之，人们习惯于淡忘生命中美好的一切；但对于痛苦的记忆，却总是铭记在心。就如你吃过了糖会很快忘记甜，吃过了黄连却口有余苦。

的确，很多人无论是待人或处事，很少检讨自己的缺点，总是记得“对方的不是”以及“自己的欲求”。其实到头来，还是很少如愿——因为，每个人的心态正彼此相克。反之，如果这个社会中的每个人，都能够试图将对方的不是及自己的欲求尽量遗忘，多多检讨自己并改善自己，那么，彼此之间将会产生良性的互补作用，这也才是每个人想见到的。

一位女士给了一个朋友三条缎带，希望他也能送给别人。这位朋友自己留了一条，送一条给他不苟言笑、事事挑剔的上司两条，因为他觉得由于上司的严厉使他多学到许多东西，同时他还希望他的上司能拿去送给另外一个影响他生命的人。

他的上司非常惊讶，因为所有的员工一向对他是敬而远之。他知道自己的人缘很差，没想到还有人会感念他严苛的态度，把它当做是正面的影响而向他致谢，这使他的心顿时柔软起来。

这位上司整个下午都若有所思地坐在办公室里，而后他提早下班回家，把那条缎带给了他正值青春期的儿子。他们父子关系一向不好，平时他忙着公务，不太顾家，对儿子也只有责备，很少赞赏。那天他怀着一颗歉疚的心，把缎带给了儿子，同时为自己一向的态度道歉，他告诉儿子，其实他的存在带给他这个父亲无限的喜悦与骄傲，尽管他从未称赞他，也少有时间与他相处，但是他是十分爱他的，也以他为荣。

当他说完了这些话，儿子竟然号啕大哭。他对父亲说：他以为他父亲一点也不在乎他，他觉得人生一点价值都没有，他不喜欢自己，恨自己不能讨父亲的欢心，正准备以自杀来结束痛苦的一生，没想到父亲的一番言语，打开了他的心结，也救了他一条性命。这位父亲吓得出了一身冷汗，自己差点失去了独生儿子而不自知。从此父亲改变了自己的态度，调整了生活的重心，也重建了亲子关系，加强了儿子对自己的信心。就这样，整个家庭因为一条小小的缎带而彻底改观。

送人以缎带，证明你已遗忘了相处中所受的那些委屈和责难，忆起别人给你的快乐和益处。而受你缎带者却更能被你感动，看到你的心灵之美，爱你，助你。学会遗忘，拾起那根缎带送给让你受伤的那个人，他将回报你一片灿烂的阳光。

放得下是生命中最大的安慰

泰戈尔说："世界上的事情最好是一笑了之，不必用眼泪去冲洗。"如果能对所有的忧虑和哀愁放得下，那就可称是幸福的"放"，因为没有忧虑和哀愁的确是一种幸福。

中国有句古话说的好："宠辱不惊，看庭前花开花落；去留无意，望天上云卷云舒。"让我们在"放得下"的意境中寻求幸福的真谛，共享人生无限广阔的天地。

风云变幻，世事无常。由于许多"不可抗力"和无法预料的因素，多少希望因此化成失望，多少快乐转眼成为悲伤。如果我们事事计较，总是怨天尤人，那人生将是何其的沉重？

然而，一旦看什么都不顺眼，干什么都不称心，幽怨过了头，那到最后伤得最重的还是自己。

但现实中往往有一些这样的人，他们看世界永远只看最糟糕的一面，想问题永远只想最难解的症结，别人可以一笑了之的事情，在他们那里，就是天塌下来的大事儿。从社会风气到生活环境，从家庭纠纷到同事朋友的纷争，从马路塞车到刚买的衣服打了折云云，简直是无事不生怨。

心生怨气，不仅是拿别人的错误折磨自己，同时也是拿自己的错误折磨别人，扰乱别人的生命节拍。抱怨太多，不仅会吞噬自己的生命之光，还会吞没友谊的绿树，吞灭爱情的鲜花，吞没自己建造的乐园。无穷的抱怨，把快乐摒之门外，错过了身边的时光，辜负了宝贵的生命。

心生怨气的主要症结是对生命和生活缺乏感恩之心。想一想人生多么短暂，生命那么宝贵，还有什么理由为生活中的一地鸡毛而怨恨呢？生活是那样的多彩，即使有酷夏也会有阳春，即使有寒冬也会有金秋，相信走运和倒霉都不可能持续太久，何必要杞人忧天、坐困愁城呢？

再说，抱怨昨天，并不能改变过去；抱怨明天，同样不能帮助未来。与其徒劳无益地浪费时间，不如转变心态，寄放忧愁，化解怨气，采取积极的行动，做一些行之有效的努力。要知道影响人生的绝不仅仅是环境，心态控制了个人的行动和思想，心态也决定了自己的爱情和家庭、事业和成就。

唐代著名的医药家、养生学家孙思邈，活至102岁。他在论述养生良方时说："养生之道，常欲小劳，但莫大疲……莫忧思，莫大怒，莫悲愁，莫大惧……勿把愤恨耿耿于怀。" 他指出这些心理负担都有损于健康和寿命。事实也是如此。有的人之所以感到生活得很累，无精打采，未老先衰，就是因为习惯于将一些事情置于心头放不下，结果在心里刻上了一条又一条的"皱纹"，把"心"折腾得劳而又老。

辨证论治，对症下药。对于那些肚量狭小的人，最简单可行的方法就是 "放下"。

的确，人生不可能一帆风顺。所以，自从你有自我意识的那一刻起，你就要有一个明确的认识，那就是人的一辈子必定有风浪，绝对不可能日日是好日、年年是好年；所以当你遇到挫折时，不要觉得惊讶和沮丧，反而应该视为当然，然后冷静地处理，潇洒地放下。

就像宋朝女词人李清照所说的："才下眉头，却上心头。"拿得起而放不下可说是妨害健康的"常见病，多发病"。狄更斯说："苦苦地去做根本就办不到的事情，会带来混乱和苦恼。"

太累的时候就该歇一歇

2006年5月28日，年仅25岁的华为固网产品线硬件工程师胡新宇，因长期加班导致急性脑炎，经抢救无效去世。两天以后，5月30日深夜，广州市35岁的服装厂女工甘红英猝死在出租屋内。此前4天，她的工作时间长达54小时25分钟，她生前一直在喊“累”。

太多的人在底层为生存为前途拼了命地打拼，疲于奔命。由于工作时间过长、劳动强度加重、心理压力过大，从而导致精疲力竭，甚至引起身体潜藏的疾病急速恶化，继而出现致命的症状，这样就潜伏着“过劳死”的危险。如今，疯狂工作不注意休息的人真是太多了，这种不尊重健康的现象不仅在中国，在全球都是如此，不仅有底层的人士，还有高层的人士。

2005年4月10日上午8点44分，陈逸飞因上消化道出血在上海华山医院去世，享年59岁，这位广受赞誉的“视觉艺术家”，因为劳累而在离60岁还有4天的时候结束了生命。陈逸飞广泛涉足电影、时装、环境、建筑、传媒出版、模特经纪、时尚家居等多种领域，他太有才华了。但是，陈逸飞的去世是因为他玩命工作，是因为一直没有停下来的蒸蒸日上的事业，虽然他已经拥有几辈子都花不完的财富，有显赫的名声。陈逸飞的去世，似乎不仅仅是给那些才华横溢的艺术界的人士以提醒，也是给常年辛苦工作的企业老板们以警示：“身体才是革命的本钱。”这句话虽然老生常谈，却是传世名言。

我们只要稍微回顾一下，就会发现很多人的去世都让人遗憾：2004

年11月7日晚，均瑶集团董事长王均瑶，因患肠癌医治无效，在上海逝世，年仅38岁：2004年4月8日，爱立信中国有限公司总裁杨迈由于心跳骤停在京突然辞世，终年54岁；2004年3月4日，52岁的大中电器总经理胡凯因心脏病突发逝世；2002年，青岛啤酒老总彭作义游泳时突发心肌梗塞去世……这些都是大名鼎鼎的企业家，都是一手创立、令全球关注的企业领袖。

胡新宇事件发生以后，曾经在华为工作担任副总的李玉琢在访谈时说："年轻人参加工作不久，缺乏工作经验和生活积累，为了提高业务，做出成绩，工作上肯定要付出，但绝对不能极端到以损害健康甚至是死亡作为代价。企业也应在潜移默化中营造一种人文关怀，对年轻人的生活给予适当关注。对于某些不会休息的工作狂，甚至要逼着他去休息。"

王均瑶英年早逝后，正泰集团董事长南存辉闻知消息，立即发去唁电表示哀痛，同时也要集团公司的干部职工要健康工作。能工作还要会休息，这是南存辉一惯的原则。他经常说，一个人每天只有6个小时的有效工作时间，工作时间长了没有效果。他主张提高单位时间内的工作效率，不主张打疲劳战，能站着开会的，不坐着开，能在桌边开会的，不在会议室里开，能写便条的，不下文件。南存辉不提倡主管天天加班，天天熬夜，搞得心脏病复发，而部下天天在"KTV"唱《明天会更好》，有本事的主管应该是把事情交给部下去做，而自己却是轻松的。

身体才是革命的本钱！身体才是事业、成功、快乐、幸福的先决条件。会休息的人才是会工作的人。要想有健康的身体、必须吃好、睡好、玩好，身心的轻松愉快才是最好的休息。一个人无论做什么，都应该知道在什么时候放下工作轻松一会儿，在紧张的工作中松弛自己的神经。

抛弃重负，让幸福之舟轻扬

在追求幸福的关口，会长出一些杂草，侵蚀美丽人生的花园，搞乱幸福家园的田地。要学会对这些杂草铲除和割舍。舍掉不适合自己的职业，舍掉实权虚名，舍掉异化扭曲自己的职位，舍掉暴露你弱点缺陷的环境和工作，舍掉变了味的友谊，舍掉人事的纷争，舍掉失败的恋爱，舍掉破裂的婚姻，舍掉没有意义的交际应酬，舍掉坏的情绪，舍掉偏见恶习，舍掉不必要的忙碌压力。

舍掉幸福土地和花园里的这些杂草害虫，这样才有机会，同真正有益于自己的人和事亲近，才会获得适合自己的幸福。才能在幸福的土地上播下良种，致力于幸福的耕种，最终收获丰硕的幸福粮食，在幸福的花园中采摘到鲜丽的花朵。

你是否每天都背着沉沉的行囊疲惫前行？你是否给自己定了很多目标、很多要求？你是否一直纠结于生活的细枝末节？幸福的你，问问自己，这些是否重要到让你每天带着严肃的面孔和紧绷的神经，是否重要到让你失去轻松纯真的笑容？

在短暂的生命中，苦乐相随，没有人会永远一帆风顺，也没有人会永远水深火热，家家有本难念的经，每个人都有各自的烦恼，而不同的是，我们对待愁苦的态度。面对生活中的磨难，有的人整天怨天尤人，有的人离幸福越来越远；相反，也有一种人，他反而如花苞绽放，拥有了更加成熟淡定的隽永气质。这种人，就是幸福的人。

有一个年轻人觉得每天不堪生活重负，没有丝毫的幸福可言。于是，他去请教一位德高望重的哲人。哲人把一只竹篓放在他的肩上说：“你背着它上路吧，每走一步都要从路边捡一块石头放在里边，看看是什么感受。”那个年轻人虽然大惑不解，可还是按哲人说的去办了。可刚走了几百步，他就感到背负太重受不了了，因为竹篓里已经装满了沉重的石头。“知道你为什么感觉不幸福吗？是因为你背负的东西太沉重了，它已经把你的幸福压抑殆尽了。”哲人从竹篓里一块一块地取着石头说，这块是功名，这块是利禄，这块是小肚鸡肠，这块是斤斤计较。当大半篓石头被扔掉后，那个人背起竹篓走起路来感到从未有过的轻松。

懂得适当减负，幸福之舟才能轻扬，内心才能恢复宁静，身心才能得到休息。生活中其实有很多美好和幸福等待我们去挖掘、去发现，然而因为我们庸人自扰，总是把一些莫须有的东西背上身，如一个职称、一笔钱、一段发霉的感情、一些他人的期望……其实人应该对自己好一点，很多东西并不如我们所想的那样重要，是我们自己把它们背上身，并且又扩大化。

也许，你同样有过春节前大扫除的经验。当你一箱又一箱地打包时，是不是惊讶自己在过去短短几年内，竟然累积了那么多的东西？你是不是懊悔自己为何事前不花些时间整理、淘汰那些不再需要的东西，否则，今天就不会累得连脊背都直不起来？

大扫除的懊恼经验，让很多人懂得一个道理：人一定要随时清扫、淘汰不必要的东西，日后才不会变成沉重的负担。其实，人生又何尝不是如此！在人生历程中，每个人不都是在不断地累积东西吗？这些东西包括你的名誉、地位、财富、亲情、人际、健康、知识等；另外，当然也包括了烦恼、郁闷、挫折、沮丧、压力，等等。这些东西，有的是早该丢弃而未丢弃，有的则是早该储存而未储存。

的确，心灵清扫原本就是一种挣扎与奋斗的过程。不过，你可以告诉自己：每一次的清扫，并不表示这就是最后一次。而且，没有人规定你必须一次全部扫干净。你可以每次扫一点，但你至少必须立刻丢弃那些会拖累身心的东西。

有一个作家和一群好友准备去探险。当时，正逢要去的地方遭受严重旱灾。在旅途中，作家随身带了一个厚重的背包，里面塞满了食具、切割工具、挖掘工具、衣服、指南针、观星仪、护理药品等。作家对自己的背包很满意，认为已为旅行做好了万全的准备。

有一天，当地的向导检视完作家的背包之后，突然问了一句："这些东西让你感到快乐吗?"作家愣住了，这是他从未想过的问题。他开始问自己，结果发现，有些东西的确让他很快乐，但是，有些东西实在没有必要一直背着。

作家决定取出一些不必要的东西送给当地的村民。接下来，因为背包变轻了，他感到自己不再有束缚，旅行变得更愉快。他因此得到一个结论：生命里填塞的东西愈少，就越能发挥潜能。从此，他学会在人生各个阶段中定期解开包袱，随时寻找减轻负担的方法。

舍掉是对捆绑自己背包的一次清理，丢掉那些不值得带走的包袱，拿走拖累自身的行李物件，这样你才可以轻松地走自己的路，人生的旅行才会更加愉快，可以登得高行得远，看到更美更多的人生风景。

你应用足够的精力和智慧去赢取你真应该拥有的东西，努力去完成自己应该做的事情，自由自在地发掘自己的潜力，主题明确地直奔自己应该追求的目标，坚定不移地走自己的路，充分实现自己的人生价值。勇于去舍掉束缚自己的世故人情，舍掉那些不适合自己去充当的社会角色，舍掉诱惑你的功名利禄，舍掉徒有虚名的奉承夸奖，舍掉各种蒙住你的眼睛的遮羞布。

舍掉，需要智慧和远见，舍掉，有时使我们心疼、心碎。舍掉钻营权利与沽名钓誉，你将布衣终身；舍掉金钱职位，你再也没有了特殊和享乐的机会；舍掉社交和朋友，你要承受孤独和寂寞；放弃失败的恋爱婚姻，你要独自飘零单飞。这一刻，请不要怀疑，不要犹豫，只要迈出这一步，继续前进就不太困难，因为你不再有负累，你的心是轻松的。

如果你感到太苦、太累、太烦、太忙、太杂，假如你有太多的心事，假如你失去了表现自我的机会，假如你没有得到真爱真情，假如你的生活被众多的迷雾遮住了眼，请尝试舍掉一些包袱与拖累，为自己减负，轻装前行。

一切的欲望都只存在于我们心中，如果放下了，其实也不过如此。幸福的人们，无论你的梦想和目标是什么，过去的都已经过去，现在才是真正的开始，立即拿出行动，跟昨天挥手告别，这样才能实实在在地看到明天的希望。

站在不同的枝头，摘到不一样的水果

世间万物都有一个平衡点，事物之间也有平衡点，亦称临界点。临界点之左之右都不是恰到好处，你能找到那个最佳的临界点吗？取舍之间就有这样的临界点。有时候取舍只在一念之间，悲喜也只在一念之间。

现实中，大部分的人总是容易陷入一个怪圈：这山望着那山高。其实你认为最好的东西是否一定适合你呢？你找到那个最适合你最能平衡你生活的临界点了吗？可爱的人们，从现在开始，每天对着镜子，告诉自己，身边的爱人是你今生最最完美的理想伴侣，目前已经选择的工作是你最最喜欢的工作吧。只有放下那山的风景，内心才能平衡，心灵才能宁静，心情才能舒畅，也才能真正感受到这山的关爱，感受到坦然与洒脱。

取舍间的智慧，全在一个“悟”字。佛家常常说一个人有“悟性”，说的便是一个人懂得取舍的智慧，知道何为可取之物，知道何为必舍之事， 取舍之间，如蜻蜓点水，却恰到好处。一念之间，却把世事想透，不多取一分，也不胡乱舍弃。聪慧如此，必然幸福满怀，于是就常听人们说某某人好福气，却忘了自己其实也同样“福气”，只是曾几何时，没有掌握好取舍间的尺度与智慧，于是最终只能艳羡他人。

如今尘世中的人们，大多“终朝只恨聚无多”，做什么都想赢，做什么都不肯舍弃分毫。纵观社会，横看人生，既有饿死、穷死的，也有撑死、富死的，甚至有窝囊死的；有人因祸得福，有人因福得祸……不胜枚举。何时该取，何时该舍？这个平衡点真是很难掌握，而天下也没有放之四海皆准的真理，我们能做的，就是根据此时、此地、此情、此景去综合权衡利弊得失。只要分析出利大于弊，即可做出取舍；而妄求只有利益，没有弊处，就永远选不对，心里永远不平衡。欲求太多的人，最不懂取舍间的玲珑智慧。

当然，也总有这样一些人，他们永不满足，将幸福建立在与人不断的搏斗夺取之中，将目标不断地往远处推移。这种人幸福的可能少，但成就可能大。其实，幸福与不幸福全在个人，每个人的渴求不同，每个人的幸福源泉也不样，了解自己，取舍亦符合自己的内心满足，这便能幸福，也便拥有了取舍间的好心态。正如不爱珠宝的人，即使置身虚荣浮华之境，也无伤自尊；拥有万卷书的穷书生，对股票或钻石并没有多大兴趣；满足于田园生活的清雅之人，从不羡慕任何荣誉或高官厚禄……爱好即方向，兴趣即资本，性情即命运。而这一切的一切都来源于什么呢？来源于人掌握取舍的平衡点。睁开眼睛，仔细地去观察，你会发现，每一个幸福的人，都能掌握好取舍的平衡点，蕙质兰心，只轻悠悠舀一瓢自己心底最爱喝的那口茶。

什么样的人生最成功？其实这并没有定论，全看个人。非要一味概之，就落入愚蠢的窠臼。完全照搬那些看似风光的人的经验与路径，最终只会“舍”错人、“舍”错事，最后取得的人生，貌似自己曾经所羡慕和企求的，却无论怎样也幸福不起来，只有满怀的懊恼，甚至可笑。如果一定要给幸福的人生下一个定义，给一个框架，那便是，当一切尘埃落定，内心充盈，感觉到实实在在的幸福，而无论外界的界定。

发现平衡点，果断地抉择，然后在这个平衡点之上，把握平衡点，去轻松地感受取舍之后的幸福与美好。人掌握了取舍的平衡点，脸上总是充满阳光般暖暖的笑意，他们对生活没有抱怨，没有哀叹，他们举重若轻，不多奢求一分，也不委屈自己。

幸福总在一拿一放间游走

每个人都想拥有很多“宝贝”，但现实与理想往往会有距离，你想拥有太多，往往可能什么都得不到；你不想拥有，往往有意外收获。所以，不必太过苛求、顺其自然就显得尤为重要。因此，智慧的人生就应该要学会拿得起、放得下。拿得起是勇气，放得下是度量；拿得起是可贵，放得下是超脱。人生最大的勇气是拿得起，生命最大的安慰是放得下。

在一次周年晚宴上，李嘉诚说了一句座右铭：“好的时候不要看得太好，坏的时候不要看得太坏。”可以看出，这句话是李嘉诚人生修炼最高境界的体现，也就是“拿得起，放得下。”

歌德说：“一个人不能永远做一个英雄或胜者，但一个人能够永远做一个人。”这里，“做一个英雄或胜者”，指的便是“拿得起”时的状态；而“做一个人”，便是“放得下”时的状态。一个人若是能活出这种状态，便可活得潇洒，活得快乐，活得幸福。

不要感叹自己缺少什么，能够放下自己手里拥有的东西的人，才是一个真正有智慧的人。

因为放不下到手的职务、待遇、钱财，有些人整天东奔西跑，荒废了正当的工作；因为放不下诱人的钱财，有人费尽心思，结果常常作茧自缚；因为放不下对权力的占有欲，有些人热衷于溜须拍马、行贿受贿，不惜丢掉人格和尊严，一旦事情败露，后悔莫及。

有一本书名为《与神为友》的书中写道：“我不会‘抓紧’任何我拥有的东西！我学到的是，当我抓紧什么东西时，我才会失去它，如果我‘抓紧’爱，我也许就完全没有爱，如果我‘抓紧’金钱，它便毫无价值，想要体验‘拥有’任何东西的惟一方法，就是将它‘放掉’！”

其实，每天发生在我们生活周遭的很多悲剧，往往就是由于无法放下自己已经拥有或想要拥有的“东西”所酿成的：有些人不能放下金钱，有些人不能放下爱情，有些人不能放下名利，有些人则是不能放下不应该执著的执著。

然而，如果你能够领悟“放下”的道理，你将会有一种如释重负的感觉。因为只有懂得放下，才能掌握当下。更何况，人生在世，如果不能把一些不是很必要的东西放下，你的“人生行囊”将很快就没有空间去搁置你真正需要的东西。

对于人生道路上的鲜花与掌声，有处世经验的人大都能等闲视之，屡经风雨的人更有自知之明。但对于坎坷与泥泞，能以平常心视之，就非易事。大的挫折与大的灾难，能不为之所动，能坦然承受，这就是一种度量。佛家以大肚能容天下之事为乐事，这便是一种极高的境界。既来之，则安之，这是一种超脱，但这种超脱又需要多年磨炼才能养成。拿得起，实为可贵；放得下，才是做人的真谛。

有些自以为聪明的人常常会暗自庆幸自己拿了多少。事实上，他们有时往往也是最糊涂的。拿得越多，说明放不下的也越多。那么，背负的也就越多，活得也就越累。

倘若一个人，将一生的所得都背负在身，那么，纵使他有一副钢筋铁骨，也终将会被压倒在地。

什么时候学会放弃，什么时候便开始了成熟。我们都要学会放弃，放弃失恋带来的痛楚；放弃屈辱留下的仇恨；放弃心中所有难言的负荷；放弃耗费精力的争吵；放弃没完没了的解释；放弃对权力的角逐；放弃对金钱的贪欲；放弃对虚名的争夺……凡是次要的、枝节的、多余的，该放弃的时候都应放弃。

拿得起，放得下，就是要拥有一颗坦然的心，无论是得到的还是失去的，只要已经成为事实，就应该了却牵挂，顺其自然。放弃，是一种境界，是自然界发展的一种必由之路。漫漫人生路，只有学会放弃，才能轻装前进，才能不断有新的收获。

对过去的爱挥手别离

放手，不仅为自己保留了最后的尊严与优雅，也成全了他人的幸福。许多事情，明知坚持无益，还苦苦不放，既让自己痛苦，也给对方困扰，当爱已成往事，他已经不是曾经的他，你也已经不是曾经的你，所有的事与人，都只存在于那时那地，随风而逝。这个时候惟有坦然地放手，留给双方最后美好的回忆。

有一种爱，叫放手；有一种智慧，叫微笑。幸福的人，当这样东西还属于你的时候，好好珍惜，多想想它的好；当它想逃离你的时候，也不要死抓不放，放它走，你的幸福就在前方。放手，忘却曾经的海誓山盟；放手，忘却那种撕心裂肺的痛；放手，把更多的爱留给未来。无论过往的每一日每一幕，是你错或他错，都不该成为今天惩罚自己的枷锁。

人这一生，不可能什么都能得到，所以你必须明白：放手其实并不等于失去。今天的放手，是解脱了自己的痛苦，成就他人的幸福。人生路漫漫，不要计较一时的得与失，要知道放弃，如何放弃，放弃些什么。放弃，你就可以轻装前进；放弃，你就可以摆脱烦恼，摆脱纠缠，整个身心沉浸在轻松悠闲的宁静中去。另外，放弃还可以改善个人的形象，从而使人更显得豁达豪爽。进一步赢得他人的信赖，让自己变得更聪明，更能干，更有内涵。

总之，人在感情这一份没有答案的问卷上，苦苦的追寻并不能让生活更圆满。也许一点遗憾，一丝伤感，会让这份答卷更隽永，也更久远。收拾起心情，继续走吧，错过花，您将收获雨；错过他（她），才会遇到了另一个他（她）。继续走吧，你终将收获自己的美丽……

有个村子涨洪水了，其中有户人家，一家四口，父母加两个小孩子，就坐上备用的小伐上逃生，因为洪流太急，母亲因小伐的超载猛烈摇晃而掉进水里，父亲伸手拉住她拼命地要救她上来，小伐更剧烈地摇晃着，这样的情景显然不但救不了母亲，可能因此而使全家葬身于洪水之中……情急之中，母亲拼命地挣脱父亲拉着的她的手，微笑地看着他，直至洪流吞没了她……这位伟大的母亲，因为爱，坦然放手！

放手，有时候不是因为爱的消逝，而是因为爱在心底。当这份爱不能为我们带来美满的结果时，不放手，只会拖累更多的人。这时，放手，就是智慧；放手，就是宽容；放手，就是大爱。

微笑着放手，既是成就自我，也是成全他人。在生命的际遇中，爱上不该爱的人，放手是为双方好；当我们的子女想摆脱我们独自成长的时候，放手，可以让他们赢得更精彩的人生。

《湖滨散记》的作者梭罗，为了要写一本书，而去森林中度过两年的隐士生活。自己种豆和玉蜀黍为食，摆脱了一切剥夺他时间的琐事俗务，专心致志，去体验林间湖上的景色和他心灵所产生的共鸣。从中发现许多道理，从而完成了这本名著。

梭罗认为：“一个人越是有许多事能够放得下，他越是富有。”他悠然地说：“我最大的本领是需要极少，”“我爱给我的生命留有更多的余地。”生命在他手中支配得游刃有余。与此相反，一些拥有大量金钱的富翁，却被自己的黄金“焊”在某个高位上动弹不得。梭罗不无怜悯地说：“我心目中还有一种人，这种人看来阔绰，实际上却是所有阶层中贫穷得最可怕的。他们固然已积蓄了一些闲钱，却不懂得如何利用它，也不懂得如何摆脱它，因此他们给自己铸造了一副金银的镣铐。”位高自囚，富极如贫，事物常常是这样两极相通。

梭罗放弃物质上的富贵，却得到了另一种“富有”，获得了另一片天地。适时微笑着放手，我们的内心就会更宁静，就会拥有更广阔的视野。也许转身之后，会默默落泪；也许，会常常怅然回首，但是，都已成为往事。

微笑着放手，当他回想起时，会感激，会怀念，会记得，有一个女人，冰雪聪颖，蕙质兰心，在爱的时候给了他最大的美满快乐，在爱走的时候成全了他最大的幸福。

聪明的人，请相信，当你给予别人最安静美好的爱时，在未来，一定会有一个冥冥中的人向你走来，给你更多更长久的爱。

谁的成长没有走过痛楚，谁的成熟没有经历波折，我们往往只看到别人的幸福，就觉得上天不公，对自己刻薄。其实，没有人能真正对你刻薄，只有你自己，你放不下，你不肯松手，你不放过对方，其实是不放过自己。

那些最幸福的人，大多是不偏执的，能够拿得起放得下，不为难别人，知道放松自己，他们对生活总是能够做到“识时务为俊杰”的先行者，当大部分人还在拿自己的青春瞎折腾的时候，他们已经悠哉自在地坐享生活的乐趣，过着自己最惬意的幸福生活。

做一颗快乐的“忘忧草”

富兰克林·皮尔斯·亚当斯曾以失眠做比喻。他说：“失眠者睡不着，因为他们担心会失眠，而他们之所以担心，正因为他们不睡觉。”为了那些不必要的事担心，整天把自己弄得烦躁而不开心，这又是何苦呢？与其过一种“杞人忧天”的生活，何不看淡一切，洒脱地过一种快乐而幸福的生活呢？

运用人生的智慧，保持一种超然淡泊而敏锐、洞若观火的心境，不再为小事而烦忧，多好啊！

有个年轻人在一次同学聚会时，向他的老师诉苦道：“我现在常常睡不着觉，老婆身子不好，每月都要吃药，现在也不能上班了，在家养着，孩子马上要上中学了，还有家里的各项费用，哪一样不要钱？我现在愁得睡不着觉，我最大的愿望就是，等以后日子好过了，什么都不去想，好好地睡个踏实觉，我生活中最大的敌人就是失眠。”

后来，他的情况有了好转。一次意外的机会让他赚了一大笔。他再接再厉，用这笔钱投资了旅游业，他的生意出奇的好，月收入也超过了几万，盛季的时候竟高达十几万。这时，他已经成了所有朋友中事业上最为得意的人。

几年以后，在同学聚会上，老师又见到了这个学生，从他的穿着、谈吐上发现他已然是个成功人士了。老师觉得他现在已经不会再为生计发愁了，关心地问他：“你现在的失眠症好了吧？”

“哎，一点儿都没好。”他皱眉答道，“现在天天都得吃进口药，效果也不怎么好。”

“喔？那怎么现在还睡不着呢？”

“我现在每天要考虑：怎样把事业做得更大；管账的人会不会贪污；怎样能多招来客人；我的投资什么时候能收回；我想带家人出去旅游一趟，什么时候能有时间……”他顿了顿说，“我那时以为，解决了那些问题我就不用愁了，没想到现在我担心的事更多了。现在，失眠依然是我最大的敌人。”

老师说：“你心事太重，而且放不下，是导致你失眠的原因。”

生活中，有很多人都在为一些小事烦恼着，他们不但顾虑着现在，而且还想着未来。今天还没好好享受完，就要苦苦地思索明天该如何去过。打开衣柜，为衣服而烦恼；打开门，为天气而烦恼；打开电脑，为有无新邮件而烦恼；打开冰箱，为吃喝而烦恼。

生活本已不易，我们何苦还要庸人自扰，给自己增加不必要的烦恼呢？这岂不是自己跟自己较劲儿？

有一个农夫，每天都是快快乐乐的，当一个新的早晨来临的时候，他都会迫不及待地问候一句：“上帝，早上好！”他的邻居，一个农妇，每天总是心事重重的，当新的一天来临的时候，她的问候语和农夫的相似：“上帝，早上好吗？”

这两个人似乎是来自不同的世界，一个总是快快乐乐，一个总是忧忧郁郁；一个总是乐观自信，一个总是悲观多疑；一个总是发现机会，一个总是寻找问题……

一个阳光明媚的早晨，农夫欣喜地对邻居喊道：“多么晴朗的天空啊！你曾经见到过这么壮丽的日出吗？”

“是的，天空的确很晴朗。”她回答说，“但同时也会带来炎热，我真担心它会把农作物烤焦。”

还有一次是在阵雨的午后，农夫赞叹道：“这真是一场及时雨啊，农作物今天可以开怀畅饮一次了！”

农妇听见后，忧心忡忡地说道："但愿老天能见好就收，别一下就下个没完，那样农作物会吃不消的。"

"即使是这样，你也不必太担心了，别忘了，我们是买了洪水保险的。"农夫安慰农妇道。

为了让心事繁重的邻居开心快乐起来，农夫费尽周折地弄来一条既漂亮又训练有素、身价不菲的德国犬。农夫深信这条拥有多种技能的德国犬一定会给农妇带来欢乐的。

这天，农夫特意邀请他的邻居来观看德国犬的精彩表演。

农夫先把一根木棍扔进湖里，然后大声命令德国犬："去，把木棍给我取回来！"德国犬在听到主人的命令后，立刻飞快地向湖边跑去，并毫不犹豫地跳进了湖中。只见德国犬在湖中上下翻腾着，一会儿浮出水面，一会儿沉入湖底，没过多久，嘴里就衔着木棍回到了主人的身边。农夫赞赏地摸了摸德国犬的脑袋，高兴地问农妇："怎么样？这家伙表演得还不错吧？"

本以为农妇会满心欢喜地点头称赞，谁知她手捂胸口，眉头紧皱地回答道："我都快揪心死了！看它在湖里上下翻腾，总担心它的水性不够好，怕它会淹死在湖里！"

烦恼是一把摇椅，你一旦坐上去，它就会一直摇呀摇，总也停不下来。如果你跳下来，它自己也就不会再摇了。

人要活得开开心心，何必为生活中的那些小事而烦恼呢？做一棵快乐的"忘忧草"，给生活增添一些祥和、快乐的气氛，不是更好吗？

第四章

吃亏得福的成果是拥抱幸福的收获

说起“吃亏是福”的道理，许多未成年人都明白，但在生活真正面对时，能够真正做到这一点的人并不多。这是因为他们把利益看得太重、计较得太多。其实，当你受的每一次委屈、承受的每一次痛苦、付出的每一次艰辛、经历的每一次磨难，都是在为你的幸福银行积攒储存点滴的幸福。吃亏得多了，磨练得多了，自然就有经验了，就成熟了，就智慧了，自然收获就多了，幸福和快乐也就多了。

吃亏也是收获幸福的一种投资

对于许多生活得悠闲自在的人来说，常常把吃亏当福，其实这就是以一种豁达的心态接受一切。这听起来好像是弱者的自我安慰，可实际上，这句话渗透着投资吃亏的大智慧。

有这样一个智力问答问题："你最不想吃的是什么?"答案就是"吃亏"。你爱吃亏吗？对于这个问题，相信每个人的回答应该都相同，那就是"NO"。人生几十年，谁不曾吃过亏，但谁都不爱吃亏。不过，幸福的人则认为吃亏是收获幸福的投资。

吃亏是福，这是老祖宗留下的一句深入民心、留传甚久的古训。但处于当今物欲横流、竞争激烈的世界，如今的人们都特聪明，可以说，一个比一个猴精猴精，哪个还愿吃亏呢？又有几个"聪明人"还肯视吃亏为福气呢？

像"吃亏是福，吃亏并不吃亏，聪明的人反而吃亏，老实的人却占到便宜"等等都是家喻户晓的俗话，世世代代的不知在多少人的口中念诵过，有的人确认这是大实话，便自己按这些话去做，又把它作为教育子女的良好教材，但也有的人不承认这些真的能成就实事，因此，当自己碰上一些利益的诱惑时，便不择手段干一些违背良心、害人害己，甚至是伤天害理的事情。

其实，吃亏与占便宜，正如祸福相倚一样，是会互相依存、相互转化的。

据报载，盛大网络现任总裁唐骏在卡拉OK盛行的时候，研发了一个专门用于卡拉OK设备上用的打分机，演唱者唱完一首歌后，打分机会自动打出分数，这一设备增加了卖点。三星公司以8万元的价格买断唐骏该项专利后，其卡拉OK设备在整个市场所占的份额一下子从百分之十几提高到百分之三十多。三星的竞争对手日本先锋公司向三星购买专利使用权，花了150万元。三星依靠该项专利成为大赢家，很多朋友都觉得唐骏特别亏。国内软件行业的旗帜型人物求伯君做的第一桩买卖更亏。他编写的西山打印驱动程序以2000元的价格卖给了四通公司后，四通公司将该程序以500元一套的价格卖了好几百套。

这两位IT行业的风云人物，在谈到早年的吃亏经历时，却没有一丝遗憾，相反，都对当年的吃亏心怀感激。唐骏说，应该感谢三星公司，如果没有三星来买这项专利，就没有我创业之初的8万元启动资金，也许后来的事业不会有现在这么顺利。同样，唐骏也认为，这件事也教会他如何将专利变成商品，使他从一个学者型的人变成一个事业型的人。求伯君则认为，四通也没有薄待他，录用他做了一段时间的专职软件技术员，从而为他后来步入金山公司、开发WPS软件奠定了基础。更重要的是，这次买卖让他明白了经营在软件行业中的重要性。以后，他把金山公司总裁的位置让给了有经营头脑的雷军，自己专心搞软件开发，金山公司迅速腾飞，而求伯君也因此成为IT行业的巨富。

综观以上两位成功人士的吃亏经历，竟然都被当事人理解为福分，可见“吃亏是福”不是阿Q式的精神自慰，而是一种糊涂处世的智慧。这就是吃亏是福的最好说明。我们要学会正确地调整心态，坦然面对吃亏，从而让我们能在人生路上走得更加稳妥，更加快乐。

因此，《韩非子·解老篇》这样说：人有福则富贵至，富贵至则衣食美，衣食美则骄心生，骄心生则行邪僻而动弃理，行邪僻则身死夭，动弃理则无成功。夫内有死夭之难，而外无成功之名者，大祸也。而祸本生于有福，故曰：“福兮祸之所伏”。

抢便宜，占便宜一定不是好事，吃亏也未必就都真的亏损。人的福分是有限的，如果你总是想抢占别人的便宜，而不能把自己的利益奉献给别人一些，那么你的福分便会在这份争夺中达到满盈，赢则亏，直至你的福分消失殆尽。

吃亏是福，单从字义上理解，肯定以为这是傻子的理论。但实际上，吃亏的同时你得到了教训，为下一次的成功总结了经验，避免了麻烦，甚至是躲避了灾祸不就是得福了吗？这样想来，吃亏不就是一种最好投资与福报吗？

表面吃亏不一定真吃亏

不能吃亏，就限定了一个人幸福的精神境界，也限制了一个人潜能的把握程度，同时也阻止了一个人能力的有效发挥。因此，费尽心机后往往会以失败告终，而站在幸福境界的人，则看得更远，吃得亏，会吃亏，更能不白吃亏。

在日常生活中，有些人在许多时候不爱吃看得见的小亏，反而吃了看不见的大亏，正所谓“抓了芝麻，漏了西瓜”。其实，如果想顺利解决这些小事情，办法只有一个，以“吃点小亏”当自己做人的原则和智慧，凡事多谦让别人一些，自己吃点小亏，就万事大吉了。

让别人占点“小便宜”是人际交往中的艺术，让别人一点是为了获得更多。掌握这门艺术，关键在于把握“让”的度，并能准确预算成本、风险与回报。让别人占小便宜并不是软弱可欺，并不是任人凌辱，你必须站在比对方更高的角度，头脑清醒，统揽全局，方能亏一时的小损失，最终得到你所想要的。

对敌人，让他占点“小便宜”，是为了解除他的防备心理，为自己赢得发展的空间。你表现得越谦恭越低调，就越能满足对方的心理，让他以为你无意与他为敌，并且还软弱可欺。即使那些自以为很精明的敌人，也会因此而放松警惕。

吃亏的人不可能永远吃亏，占便宜的人不可能永远占便宜。更多的时候，吃亏就是占便宜，占便宜就是吃亏。

没有永远的吃亏，也没有永远的便宜，能吃亏的人在最后总是会得到巨大的补偿，而那些总想占便宜的人往往会失去更多。

有两个非常要好的人合伙做生意，资金各出一半，其中一个是从事这个生意多年的行家，而另外一个人则是“门外汉”，对他们的生意经营是一无所知。开始的时候他们按约定由懂行的那个人全权经营生意，他的工资待遇也适当高出一些，另外年终根据营利给予他部分分红，公司经营顺利，效益很好，各自收益颇丰，这样合作一直相安无事。

两年后，不懂生意的那人慢慢进入状态，也完全了解掌握本行业的经营状况，认为自己也同样有能力经营管理，公司效益这么好，对方凭什么比自己多分那么多。有了这样的想法后，他不知不觉的觉得对方占了自己的便宜，于是提出不让懂行的人多拿利润或者让他自己来管理经营，自己也要多挣点。因此，双方意见不合而产生分岐，甚至一度闹红了脸不欢而散，最终只得将公司转让给了别人。

后来两人又各自成立了与原来经营内容一样的公司，懂行的那个人因为经验与人脉的积累，公司做得风声水起，甚至比原来的公司更加红火。但自以为懂行了的那个人并没有这么幸运，他的公司没开多久就破产关门大吉了。到这时，他才后悔当初真不应该为了眼前的利益而把盈利的公司给转让了。

现实中的生意场，这样的例子举不胜数，这个自以为聪明的人因为不想吃小亏，结果却吃了大亏，成为了笑谈，也给那些只想占便宜不想吃亏的人上了精彩的一课。现实中有多少人还在重蹈覆辙，为了自己的一己私欲，以牺牲别人来换取自己的幸福。有些人与同事、朋友、邻居的关系不好，正是因为过于看重自己的利益而计较，甚至是锱铢必较，总是争夺种种的“好处”，时间长了难免引起周围人的反感厌恶，则必然成为“占小便宜吃大亏”的又一个例证。

人生在世，即使什么也学不会，也得学会吃亏。只要学会吃亏，烦恼就少了，遇事则会游刃有余，心底坦坦荡荡，吃饭有滋有味。这种神仙般的滋味，是爱占小便宜的人根本体会不到的快乐。

而那些聪明的人则善于谦让，敢于吃亏，比如单位里分东西不够时主动少要些，一些荣誉称号多让给即将退休的老同事，等等。再比如与其他人共同分享一笔奖金，让他们在吃小亏后，得到意外的收获，你可能因此损失了些许小利，但收获的是人心，得人心者还怕得不到天下吗?

话虽如此，但能够主动吃亏的人实在太少，这不仅仅是因为人性的弱点问题，更多的是因为大多数人缺乏长远的战略眼光，因为他们都认为眼前的小利是现实存在的、是实实在在看得见的，而那些长远的大利目前是虚幻的、是看不见摸不着的。因此，又有多少人能够做到舍得眼前小利而争取看不见的长远利益呢?

现实中，表面的吃亏实际上往往是占便宜、是受益的。所以，遇事能够适当让步，主动吃亏并不是弱者的行为，而是英雄与智者的表现。

一首《吃亏歌》中唱道："做人就应该能吃亏，能吃亏自然就少是非。"其中道理耐人寻味。从人的本性来说，几乎每个人都是"便宜虫"，几乎每个人都希望许多时候能占点小便宜，这并不意味着人们没有这些小便宜就没法生活了，恰恰相反，这些小便宜对绝大多数人甚至是可有可无的。因此，拥抱幸福，就需要你学会适时的吃点小亏。

能看透“亏”后的“福”

幸福人生一定要吃亏，但是我们不提倡做一个懦弱的人，一个任人宰割毫无作为的人。因此，能吃的亏，还要会吃亏。会吃亏的人，才会在吃亏之后得到应有的福果。

一个会吃亏的人，必然能透视“亏”后的“福”。当然，有一颗诚挚善良的心，悟透幸福的道理，这是必不可少的前提条件。

有一句格言：当上帝为你关上一扇窗时，他会为你打开一扇门。的确，吃亏只是利益让别人多得一些，但却是一个很好的转运方法，你把利益让给别人，不去争斗，而别人也会因为感激你而回报给你更多。

用佛家的思想说：此生的福报是前世造就的，如果你此生仍然能广结善缘，忍辱发心，那么你的福报将会更加绵长。而吃亏是福恰恰也是这样的道理，你此处亏了，彼处必然有福报等着你，这是一个平衡的世界。聪明的人因为明白这一点，所以能看到“亏”后隐藏的“福”，多以不怕吃亏。他们自身能力过人，却时常存感恩心态和谦虚心态，待人平等，愿意回馈社会，这样，反而更能使家庭和睦，事业发达。而另外一些青年人，家庭富足，自身学业有成，工作优越，便自视胜人一筹，而生出骄慢之心，享受荣华富贵的同时，也滋生出斤斤计较、贪图大利的思想，而这些往往成为日后的障碍。一旦失败，方才醒悟自身的渺小。

从这个层面上讲，上天赐予人智慧、财富，不是让人去独自享乐，骄奢淫逸，乃是借这些人之手，去帮助那些需要帮助的穷困之人。越能与人分享福气，福气会越绵长久远，生生不息。古人云，唯谦方能受福。常怀谦虚、感恩之心，命运也会随之改善。也就是说，在为人处事上，能吃的亏，经常吃亏，才会积蓄福报。

有人问李泽楷："你父亲教了你一些怎样赚钱的秘诀?"李泽楷说赚钱的方法他父亲什么也没有教，只教了他一些为人的道理。因为李嘉诚曾经这样跟李泽楷说，他和别人合作，假如他拿了七分合理，八分也可以，那李家拿六分就可以了。李嘉诚的意思也就是说：他让别人多赚两分。所以每个人都知道，和李嘉诚合作会赚到便宜，因此更多的人愿意和他合作。你想想看，虽然他只拿了六分，但现在多了一百个人，他现在多拿多少分？假如拿八分的话，一百个会变成五个，结果是亏是赚可想而知。

李嘉诚就是一个会吃亏的人，他深深地明白，自己赢，只是小赢，大家赢，才是大赢。只有让对方获得了好处，他才会给你好处。李嘉诚是成功的，是睿智的。而很多人不明白这一点，于是有人主张那个一点亏不吃。这种相反是否聪明不敢说，但可以肯定的是，一点亏都不吃理论上可行，实际上不可能。

小贩们卖东西常缺斤短两，钱是赚了些，可亏心；欠了人家钱赖着不还，还转移财产，钱财是落下了，理亏；仗着有点钱有些权，做很多不公道的事，无权无钱的人敢怒不敢言，歪风行其道，公理靠边站，这种人的权势也许越来越大，可他们亏了德行。

这些人表面上看都得到了便宜，可是实际上，那些潜在的隐形"亏"却不知不觉地朝他们靠近。眼前亏的后面是福报，而因占便宜得亏的后面则是严重的亏损。同时，爱占小便宜的人，心情经常会处于比较恶劣的状态，因为你很爱占小便宜，日久天长，便宜不会有让你占尽的时候，你就会觉得自己总是吃亏，心中就会积存不满和愤怒，这对自己也会是很大的伤害。

因此说，不能吃亏的人，也绝对不会有福。因为他们太过于计较小利，这样的人绝不会有什么出息，因为，他的眼光都集中到收集和占有眼前的每一点微小的利益，这势必影响他向高处看，去获取大的成功和利益。而会吃亏的人，则能看到亏后隐藏着巨大的"福"。

让人得利，才能使人积极

一家百货商店的老板是个半文盲，却经营有方，在人精成堆的生意场上，竟然打败了众多的竞争对手，生意特别兴隆。有人问他："你的经营秘诀是啥?"他笑着说："不字加一点，一人一块田，家家日子好，人人笑连连。"

原来他说的是一个"福"字，他解释说："福就是吃亏，我宁愿少赚点钱，也绝不让顾客吃亏。在我这儿买东西，百挑不厌，包退包修，上门服务，负责到底，上门购物的人自然就络绎不绝了。也许，在某些商品上，我少赚了或者亏了本。但从长期、总体看，我肯定赚了钱，而且还能长久赚钱。所以吃亏不一定是坏事，我就肯吃亏，心甘情愿地吃亏。"

"吃亏是福"并不是简单的阿Q精神，而是福祸相依、付出与得到的人生哲学，无论是为人，还是做生意，吃点亏、肯吃亏都是不二的法门。

人都有趋利的本性，自己吃点亏，让别人得利，就能最大限度调动别人的积极性，使自己广结良缘。中国人有"滴水之恩，涌泉相报"的传统美德，凡事都愿意吃点亏来帮助他人、奉献于社会，在日后肯定会得到同样的回报。

张大姐在一个单位管库房，她不仅对工作一丝不苟，而且从不"顺"点小东西回家。一次她家的暖气片漏水，当时仓库的暖气片一大堆，要是她拿一片回家也没人说什么，因为有"厨师不会饿死"这个道理！但她出于良知，觉得拿公家的东西亏心，所以花钱在外面购买。

她这样做，一般人都不理解，还有人讽刺她是"不会占便宜的傻大姐!"可是在后来企业改制的时候，她的这种"傻"劲却帮助她继续上岗。

当时她已经45岁了，没文化、没技术、没特长，按说应该是下岗的重点对象。可领导说："只要全厂有一个岗位，她就不会下岗的!"原因嘛，不说大家都知道。她不仅一直干到退休，而且退休后单位又返聘她，现在她每个月是双份工资。

害怕吃亏的人，最后往往却难以占到便宜。因为哪个老板不精明？周围人的眼睛也是雪亮的。试想，如果你时时事事都怕吃亏，都想着占便宜，而便宜往往只有一个。便宜都让你占了，谁还愿意与你共处呢！最后成了孤家寡人你还去占谁的便宜呢？

西汉时期，有一年过年前夕，皇帝一高兴，就下令赏赐每个大臣一只羊。在分羊时，大臣们却犯了难，不知怎么分。因为羊有大有小，有肥有瘦。

正当大家束手无策时，一位大臣从人群中走了出来，说："这批羊很好分。"说完，他就牵了一只瘦羊，高高兴兴地回家去了。众大臣见了，也都纷纷仿效他，不加挑剔地牵了一只羊就走。该大臣如此举动，不仅得到了同僚们的尊敬，也得到了皇帝的器重。这不是天大的福吗？

"一个人心胸有多大，他做成的事业就有多大。"凡是那些取得了巨大成就者，无一不是胸怀广、肯吃亏的人。相反地，那些一事无成、庸庸碌碌的人，多半是心胸狭窄、斤斤计较、不肯吃亏的家伙。这不正是吃亏是福的最好说明吗？

砂糖是甜的，精盐是咸的。它们是味道的两极，互为正反，如果想要使事物尝起来是甜的，只要加点糖就够了。然而事实上若我们再加上些盐，反而更能增强砂糖的甜度与味道。这是因为调和了互为正反的两种味道而产生的一种新鲜滋味，这个造物主绝妙的安排也说明了一个道理：吃亏肯定不是坏事。

善于在“吃亏”中保全自身

许多人吃不得半点亏，这种人总会认为吃亏的事从来都不能发生在自己身上，于是他们遇事总是算计和斤斤计较，结果最后难免落得顾此失彼、因小失大的结果。因此，无论是工作，还是生活中，懂得以吃点小亏来顾全大局，保全自身无疑是一种明智的选择。

从前，有位叫狄利斯的商人和已经长大成人的儿子一起去出海旅行。他们随身带上了满满一箱子珠宝，准备在旅途中卖掉，但是没有向任何人透露这一秘密。一天，狄利斯偶然听到了水手们在交头接耳。原来，他们已经发现了他们的珠宝，并且正在策划着谋害他们父子俩，以掠夺这些珠宝。

狄利斯听了之后吓得要命，他在自己的小屋内踱来踱去，试图想出个摆脱困境的办法。儿子问他出了什么事情，狄利斯于是把听到的全告诉了他。“同他们拼了!”儿子断然道。

“不，”狄利斯回答说，“他们会制服我们的!”“那把珠宝交给他们?”“也不行，他们还会杀人灭口的。”过了一会儿，狄利斯怒气冲冲地冲上了甲板，“你这个笨蛋儿子!”他叫喊道，“你从来不听我的忠告!”“老头子!”儿子叫喊着回答，“你说不出一句值得我听进去的话!”当父子俩开始互相谩骂的时候，水手们好奇地聚集到周围。狄利斯突然冲向他的小屋，拖出了他的珠宝箱。“忘恩负义的儿子!”狄利斯尖叫道，“我宁肯死于贫困也不会让你继承我的财富!”说完这些话，他打开了珠宝箱，水手们看到这么多的珠宝时都倒吸了口凉气。狄利斯又冲向了栏杆，在别人阻止他之前将宝物全都投入了大海。

过了一会儿，狄利斯父子俩都目不转睛地注视着那只空箱子，然后两人躺倒在一起，为他们所干的事而哭泣不止。后来，当他们单独一起呆在小屋时，狄利斯说："我们只能这样做，孩子，再也没有其他的办法可以救我们的命!"

"是的，"儿子答道，"您这个法子是最好的了。"

轮船驶进了码头后，狄利斯同他的儿子匆匆忙忙地赶到了城市的地方法官那里。他们指控水手们的海盗行为和犯了"企图谋杀罪"，法官逮捕了那些水手。法官问水手们是否看到狄利斯把他的珠宝投入大海，水手们都一致说看到过。于是，法官判决他们都有罪。法官问道："什么人会抛弃掉他一生的积蓄而不顾呢？只有当他面临生命的危险时才会这样去做吧?"水手们只得赔偿狄利斯的珠宝，法官因此饶了他们的性命。

不善变通的人，不愿意吃亏，往往招致的是不愉快，甚至是难以承受的后果。

芦苇与橡树争论不休，都认为自己有耐力，很冷静，力气大，谁也不肯认输。

橡树说：你没有力量，无论哪个方向的风都能轻易地把你刮得东倒西歪。"

芦苇没有回答。

过了一会儿，一阵猛烈的强风吹了过来，芦苇弯下腰，顺风仰倒，幸免于连根拔起。而橡树却硬迎着风，尽力抵抗，结果被连根拔掉了。

因此，我们在生活中要有不怕吃小亏的精神，吃小亏之后往往能占大便宜。

会吃亏是比金钱更值得珍视的财富

会吃亏的人不在乎一次小小的亏，而非常重视以后所会发生的更大的祸事，他们会吸取教训，积极行动，以此改变未来的命运。这是“吃亏是福”的另一种涵义，也是幸福之人对人生的一种睿智的解读。

吃亏，对于个人来说，无非是自己小的利益损失，失去的大多是物质的和暂时的。如果我们能够从容地面对，不去计较这些，在所谓的“吃亏”之后，我们得到的又是什么呢？我们得到了别人的感激和自己的坦然，我们培养了自己的宽厚与大度，我们还陶冶了自己的情操。这难道不比损失的那一点利益划算吗？这就是福！因此，无论是什么事情都要往宽处想。

在每个人的一生中，都难免会遇到“吃亏”的事情，今天上当受骗，明天遭人愚弄或算计，但是俗话说“会吃亏是比金钱更值得珍视的财富”，吃过亏的人都能够变得越来越精明，这是“吃亏是福”的另一种很好的解释。

“风雨后见彩虹”，我们每个人都要感谢那些让我们吃亏的人和事，因为，是他们让我们不断地成长、成熟。更重要的是，要懂得把所吃的亏及时地转化成成功的动力。

“会吃亏是比金钱更值得珍视的财富”，我们要做的是运用自己吃亏后所明白的道理去在以后的日子里不犯同样的错误。在最短的时间内减少自己的损失，减轻负担，这才是能吃亏、会吃亏的境界。我们要感谢“亏”，因为许多事只有在吃亏以后才能知道怎么做是对的。有时候我们也要感谢伤害，因为如果我们的心受过伤，那它不仅会变得坚强，并且会更加敏感。只要睿智的人，才会勇敢地面对由于自身错误而产生的所有“亏”，承担由此而带来的所有的伤害和痛苦，因为任何一个人都不可避免地要发生错误，不可避免地会吃亏。

有一个年轻人，在他28岁那年就当选为银行总裁。一日，他与股东会议主席，也就是前任的总裁谈话，他说：“如你所指，我才被指定担当总裁职务，这真是一个艰巨的任务。我希望你能根据自己多年的经验给我一些建议。”年长的前任总裁看着坐在自己面前的新总裁，很快以6个字作为回答：“做正确的决定。”年轻的总裁期望得到更进一步的回答，他说：“你的建议很有帮助，我非常感激。但是您能否说详细一点儿？我真的很需要您的帮助以做正确的决定。”这个充满智慧的老人回答：“经验。”新总裁又问：“没错，那正是我今天出现在这里的原因。我不具有我所需要的经验。我该如何获得这些宝贵的经验呢？”老人笑着以简洁的语气说：“错误的决定。”

每个人都是会犯错误的。因此，“会吃亏”在这里比“能吃亏”就更加重要。可是犯下错误不知道改正就是不可以原谅的，学者们给神经病下的是这样的定义：重复同样的事情想得到更好的结果。这句话虽然极端，但是却很经典。

重复同样错误的人必定要吃大亏，他们以一副满不在乎的模样，一副应该这样而无奈的表情，迎接未来的“祸事”，与神经病没有什么区别。

亡羊补牢，犹未未晚，谁都有疏忽大意的时候，谁都有这样那样的缺点和错误，第一次的吃亏并不可怕，关键是我们要“会吃亏是比金钱更值得珍视的财富”，面对错误，吸取教训，才是我们以后取得成功的最有力的保障和工具。

从某种意义上说，乐于吃亏是一种境界，是一种人格上的升华，是一种道德的弘扬。在物质利益上不是锱铢必较而是宽宏大量，在名誉地位面前不是先声夺人而是先人后己，在人际交往中不是惟我独尊而是尊重他人，抬举他人。如此这般以吃亏为荣为乐，势必赢得人们的尊重和抬举。

有远大志向的人，都是在岁月的厉炼中成长起来的，是在吃亏中成熟起来的，并从而变得更加聪慧和睿智。倘若有谁一吃亏便愁肠百结，如同失了灵魂一样，郁郁寡欢，甚至懊恼咒骂，一蹶不振，受伤者只能是自己。这种伤害，服用任何宫廷秘方都无济于事，诊治的特效药方只有四个字：吃亏是福！

主动吃亏的过程也是成长与成熟

主动吃亏的确会让我们损失一些，但是却会让我们在失去后，对生命游乐全新的感悟，明白现有的一切都是幸福的源泉，那么就会懂得珍惜现有的快乐。用物质的损失换得心灵的平和，这个亏吃得值。

就一般而言，所谓的“福”乃在于物质上的盈余与精神上的富足。那么与“吃亏是福”岂不是矛盾！其实，这句话直接指向的是一种深层的人生哲学。它是中国哲人总结出来的人生观，其中包括领略了生命意义的旷达和宁静知足的幸福。

有这样一个哲理故事：

美国天堂动物园新来了一位河马饲养员。老饲养员在传授饲养技术时特别强调，不要喂河马过多的食物，那样它长不大。新饲养员觉得很奇怪，心想，世上哪有这样的道理，便没有按照老饲养员说的办，拼命地喂河马。两个月后，他终于发现自己养的那只河马真的没有长多大，而老饲养员喂得那只长得飞快。但他固执地认为，这是两只河马先天体质的差异。

老饲养员也没多说，与他交换着喂。不久，老饲养员养的河马长得膘肥体壮，又超过了新饲养员养的那只。新饲养员大惑不解。老饲养这才道破天机：你喂的河马因为不缺食物，所以就不好好吃食，自然长不大。而我喂的河马，总是在缺乏食物中生活，因此它十分懂得珍惜，吃食也不挑剔，自然长得好。

现实中，很多时候都是如此，当有盈余的时，从来不知道珍惜，总以为反正还会有，一旦失去，才知道其重要性。珍惜是延续生命、拥有健康、获得友（爱）情、创造业绩的动力，而吃亏恰恰给这些人上了精彩的一课，让他们重新领略人生的真谛，从而好好珍惜身边的幸福。

吃亏又哪里吃亏了呢？如果没有失去的痛苦，恐怕人们永远体会不到享受的幸福。因此，如果我们知道福祸常常是并行不悖的，“吃亏”也许是指物质上的损失，但是一个人幸福与否，却往往是取决于他的心境如何，如果我们用外在的物质换来了心灵的平和安宁，那无疑是获得了人生的幸福，这便是值得的。

生命应该是美丽的，苦恼之后总是无尽的幸福，只是很多人不懂生活，抱怨幸福太少，其实，不是幸福太少，而是他们不懂得把握。人，不要总想着得到太多，一束魅力的鲜花，一个会心的微笑，一句深切的关怀，对于每个人来说，都是一笔巨大的财富。在一次吃亏后，明白现在拥有的一切就是幸福的源泉，并且一定要学会珍惜。不要让感叹和惋惜永远伴着“吃亏”来侵扰自己。

多做点不亏，反而是福

吃亏，其实就是一种贡献精神，你贡献得越多，得到的回报也就越多。每次你多做一些，你的经验就多了一分，就成熟了一分，就成长了一分。无可置否，多做一些，机会将随之而来。吃这个亏，实际就是一种得“福”。

工作中，你没有义务要做自己职责范围以外的事，但是你也可以选择自愿去做，以驱策自己快速前进。率先主动是一种极其珍贵、备受看重的素养，它能使人变得更加敏捷，更加积极、勤奋。无论你是管理者，还是普通职员，“每天多做一点”的工作态度能使你从竞争中脱颖而出。你的老板、委托人和顾客会关注你、信赖你，从而给你更多的机会。

卡洛·道尼斯先生最初在杜兰特工作时，职务很低，现在已成为杜兰特先生的左膀右臂，担任其下属一家公司的总裁。之所以能如此快速升迁，秘密就在于“每天多干一点”。

我曾经拜访道尼斯先生，并且询问其成功的诀窍。他平静而简短地道出了个中缘由：“在为杜兰特先生工作之初，我就注意到，每天下班后，所有的人都回家了，杜兰特先生仍然会留在办公室里继续工作到很晚。因此，我决定下班后也留在办公室里。是的，的确没有人要求我这样做，但我认为自己应该留下来，在需要时为杜兰特先生提供一些帮助。”

“工作时杜兰特先生经常找文件、打印材料，最初这些工作都是他自己亲自来做。很快，他就发现我随时在等待他的召唤，并且逐渐养成招呼我的习惯……”

杜兰特先生为什么会养成召唤道尼斯先生的习惯呢？因为道尼斯自动

留在办公室，使杜兰特先生随时可以看到他，并且诚心诚意为他服务。这样做获得了报酬吗？没有。但是，他获得了更多的机会，使自己赢得了老板的关注和器重，最终获得了提升。

社会在发展，公司在成长，个人的职责范围也随之扩大。然而，如今许多年轻人做事情时总是抱着“事不关己，高高挂起”的心态，总是以“这不是我分内的工作”为由来逃避责任，缺少担当的勇气。聪明的人就不一样了，当额外的工作分配到头上时，他们往往都会视之为一种机遇。其实，一个人的优秀就是一种习惯，无论是好习惯或坏习惯，一旦形成，就会在其潜意识里无形中展现出了。如果你一直能够坚持提前上班，能够自觉主动地多干份内份外的工作，也许一次二次没人发现，但久而久知，周围的人和老板就自然地看在眼里，记在心上。你的工作表现是好是坏，也许平时没人说，但别以为没人注意到，可能随时有人在关注、观察、考察着你呢？企业是靠效益生存发展的，就算是大家认为舒适的政府机关也是要靠成绩来衡量的，领导和老板们不可能平白无故地就提拔、重用那些懒散、不能吃苦、斤斤计较、自觉性差的人为自己的帮手的。只有那些有优良工作习惯和能力的员工才能得领导、老板的重视和重用。因此，无论是老板在与不在，多干点工作不亏，你不但可以从中学到许多办事的技巧，提高自己的工作能力，更可以使领导关注、重视、器重你，这其实是得福的有效方法和智慧。

多干点工作也是学习、充电、减压的方式之一；多干点工作也是成长、成熟的机会。可能，领导、老板们仍然没有发现你的长处，你仍然没有受到他们的关注、重视、重用，也不要因此而气馁。你要相信，如果你是一块真金子，哪里都需要你；如果你是一块真金子，迟早是要发光的。

第五章

感恩付出的行为是拥抱幸福的桥梁

感恩，是爱在人间传递的桥梁：我们因爱而感恩，因感恩而奉献爱。因为感恩，才有了件件感人的事件；因为感恩，才描绘出一幅幅动人的画面；因为感恩，才有了一首首催人泪下的乐章……幸福是一种感觉，是人们心灵深处对生命恩赐的领略。那些只知索取、不懂感恩的人，只会把一切所得都认为是理所当然，他们领会不到这是生命的恩赐，他们感受不到社会的帮助和亲友的关爱。因此，也就感受不到幸福。其实，幸福很容易获得，只需要有一颗感恩的心。

用感恩的心面对生活

一颗感恩之心，来自对自己已经拥有的东西的知足和珍惜，来自对生活的热爱和感激。拥有感恩之心的人，一定能收获更多的快乐，感受生活中更多的幸福。

“感恩”是一种生活态度，一种善于发现并欣赏的道德情操。如果人人都善于发现事物的美好，感受平凡中的美丽，就会以坦荡的心境、开阔的胸怀应对生活中的酸甜苦辣，让原本平淡的生活焕发出迷人的光彩。

无论任何时候，我们都要心存感恩。心存感恩是热爱生活的表现，也是获得生活所给予更多真爱的关键。

哲人说，生活需要一颗感恩的心来创造，一颗感恩的心需要生活来滋养。感恩是蕴藏在人内心深处的一种情感，感恩的意思并不只是感谢恩人这么简单，其中更包含着对生活赐予自己的一切的一种感激。

西方有一个节日叫“感恩节”，“感恩”也随着这个节日而被大家推崇。“感恩节”这一天，西方人必须要对自己所拥有的一切对神表示感激：他们要感谢神赐予他们的食物，使他们不至于忍受饥饿；他们要感谢神赐予他们的房子，使他们不至于流离失所；他们还要感谢神赐予他们衣物，使他们不至于在严冬遭受寒冷……无论这个世界上是否存在这样一个赐予我们食物、房子或衣物等的神，但是对于人生历程中所拥有和经历的一切，人实在应该心存感激。

每个人的命运都各有不同，你有了幸福的婚姻，他有了诸多的金钱。没有的我们不必强求，更不必怨天尤人，抱怨命运不公。对于自己已经拥有的，我们就应该心存感激。

有些人总有着永不满足的欲望，总是认为“别人嘴里的糖比自己的甜”，从而忽略了自己已经拥有的很多美好的东西。曾经在一篇文章中看到这样一句令人深受启发的话：“活着一天，就是有福气，就应该珍惜。当我哭泣我没有鞋子穿的时候，我发现有的人却没有脚。”虽然生活并不总是给予我们甜蜜，但我们也要清楚，我们拥有的已经够多。因此，我们必须要真诚地感激生活的给予，并且善于利用生活所给予我们的一切，获得快乐与幸福。

有一次，汤姆在一家雅致的餐厅就餐时，发现旁边有三个黑人孩子，他们似乎在餐桌上写着什么。在就餐的时间、就餐的地方，这三个孩子却没做与吃饭有关的事。汤姆难以按捺心中的好奇，试探着走了过去。这几个孩子看汤姆这样一个肤色不同的外国人到来，他们没有一丝扭捏，而是落落大方地和汤姆攀谈起来。这三个孩子中一个大约十二三岁戴眼镜的男孩是老大，八九岁的女孩是老二，另外一个五六岁的男孩是最小。从谈话中汤姆了解到他们和母亲是暂时住在这家酒店里的，因为他们正在搬家，新房还未安顿好。

当汤姆问他们在做什么时，老大回答说正在写感谢信。他一副理所当然的神情让汤姆满脸疑惑。这三个小孩一大早起来写感谢信？汤姆愣了一阵后追问道：“写给谁的？”“给妈妈。”汤姆心中的疑团一个未解一个又生。

“为什么？”汤姆又问道。“我们每天都写，这是我们每日必做的功课。”孩子回答道。哪有每天都给妈妈写感谢信的？真是不可思议！

汤姆凑过去看了一眼他们每人手下的那沓纸。老大在纸上写了八九行字，妹妹写了五六行字，小弟弟只写了二三行。再细看其中的内容，却是诸如“路边的野花开得真漂亮”、“昨天吃的比萨饼很香”、“昨天妈妈给我讲了一个很有意思的故事”之类的简单语句。

汤姆的心头一震。原来他们写给妈妈的感谢信不是专门感谢妈妈给他们帮了多大的忙，而是记录下他们幼小心灵中感觉很幸福的一点一滴。他们还不知道什么叫大恩大德，只知道对于每一件美好的事物都应心存感激。他们感谢母亲辛勤的工作，感谢同伴热心的帮助，感谢兄弟姐妹之间的相互理解……他们对许多我们认为理所当然的事都怀有一颗“感恩的心”。

感恩就是这么简单，只要你从生活中的小事出发，领悟其中的道理。你的生活就会变得丰富有趣，你的眼界将会更加开阔，你就能领悟生活中更多的美好和爱。

当我们想要抱怨生活的不公之时，当我们慨叹人生苦短之时，想一想你比那些不幸的人拥有更多的幸运，你的心便会坦然。

在爱与感恩中升华自己

人们应该对生活在这个世界上的所有事物感恩，对自己身边所有的人感恩。只有这样，在人生的道路上，才会感到幸福无比。

感恩，是一种对生命的热爱。心存感恩心态的人，总会珍惜生命，而不是任意地糟蹋自己和他人的生命。

感恩，是一种对他人付出的理解、认可和珍惜。只有认识到他人劳动与付出的价值与意义，才能够在爱与感恩中升华自己。

感恩，是一种宽容、满足、健康的心态。感恩，来自于对人对事的宽容与理解，来自于回报他人和回报社会的良好心态。心态决定一切。拥有一颗感恩之心的人，会有心理上的满足感，宽容大度，对事不斤斤计较，因此，感恩之人就是更容易得到幸福的人。

感恩，是一种高尚的情感。感恩不仅仅局限于表面化的感谢或报恩，而是对生活意义与价值的深层次反省、理解和感悟；感恩是一种敏感的、积极的生活感受。当我们陷于紧张、忙碌、浮躁的工作与生活中，我们会一步步地走向麻木。因此感受生活，记录幸福的点点滴滴也是一种感激。当我们学会了感激，我们就懂得了珍惜。

其实，值得感恩的不仅仅是对上苍，我们对父母、亲朋、同学、同事、领导、部下、政府、社会等都应该抱有感恩之心。

感恩就是不忘父母的养育之恩，当你伤心、难过、高兴的时候，最先感知这一切能陪在你身边的是你的父母。中国有句老话："养儿方知父母恩"，母亲要经历十月怀胎、一朝分娩的历程才把你带到这个世界，父亲用自己的肩膀扛起这个家，做你生命中、你眼中的第一棵参天大树。

感恩就是珍惜爱人相伴之恩，其实没有哪个人天生就应该无条件地为另一个人而付出。聪明的人知道，对于爱人的疼爱、呵护、宽容，都应该心存感恩。是他（她）给了自己一个温暖的家庭，让自己尽享人生的快乐；是他（她）给了自己一个宽厚的胸膛，让自己有所依托，卸去满身的疲惫与烦忧……感谢身边的这个人，是他（她）陪着自己一起度过风风雨雨，陪着自己一起慢慢变老。如此，你就能感受到幸福常伴左右。

感恩就是不忘师长培育之恩。除了父母之外，在我们身上花费心血最多的要数老师了。他们循循善诱地传授我们科学文化知识，他们谆谆教诲我们学习做人的道理和生活原则，他们不辞辛劳地批改作业准备教案，他们为我们的点滴进步而欣喜，为我们的些许失败和错误而焦虑。老师是我们成长道路上的引路人，是我们在知识海洋里畅游的导航者；老师是我们生命中的大树，是照亮人生路程的明灯。老师头上的青丝变白发，老师把全部的爱都倾注在我们的身上，像蜡烛一样燃烧了自己照亮了我们。

生命中，要感谢的人和事有很多，感谢自己的孩子，是他们让人真正感觉到做父母的责任，是他们让你的人生充满了希望，是他们让人体验到身为父母的万般滋味。

感谢朋友和同事，有他们的理解、支持和帮助，人生的旅途才充满了动力，生活才充满了和煦的阳光和温暖的春风。

感恩可以化解生活中的诸多矛盾，让我们变得更加的成熟、更加的理智。有些矛盾是本不该发生的，即使发生了也不应该进一步地激化。如果人人都抱怨自己付出的多，得到的少，就会凭空增添许多不平衡、不和谐的因素；如果人人都能以平和宽容的心去对待他人，往往就能有意想不到的回报。如果你是一滴水，那你应当感恩大海；如果你是一棵小草，那你应当感恩大地。因为没有大海，一滴水会很快干涸；因为没有大地，一棵小草就无从生长。只有作为社会中的人，生存才有价值，不懂得感恩，生活将会重重地抛弃你。

感恩是一种处世哲学，是生活中的大智慧。人生在世，不可能一帆风顺，种种失败和无奈都需要我们勇敢地去面对、豁达地处理。当挫折、失败来临时，是一味地埋怨生活，从此变得消沉、萎靡不振，还是对生活满怀感恩，跌倒了再爬起来？英国作家萨克雷说：“生活就是一面镜子，你笑，它也笑；你哭，它也哭。”

受人滴水之恩，当以涌泉报

对于任何一个聪明的、有良心的人来说，当受到别人的恩惠时，就会设法回报。不仅要感恩，还要积善积德。种瓜得瓜，种豆得豆，积善必有善报，作恶必有恶报。

受人滴水之恩，当涌泉相报。对于别人的恩德，心怀感激，而且尽力图报，才是为人之道。我们讲处事心术，这应该是重要的一条。因为，它意味着忠诚、正直、质朴、善良，完全可以依赖或信赖。如果人人如此，社会也将走上一个良性的循环。

感恩，是结草衔环，是滴水之恩涌泉相报。感恩，是一种美德，是一种境界。感恩，是值得你用一生去等待的一次宝贵机遇。感恩，是值得你用一生去完成的一次世纪壮举。感恩，是值得你用一生去珍视的一次爱的教育。感恩，不是为求得心理平衡的喧闹的片刻答谢，而是发自内心的无言的永恒回报。感恩，让我们的生活充满阳光，让世界充满温馨……

每个人的一生，必定都得到过他人的关心、帮助、照顾；同样，我们每一个人也帮助过别人。俗话说得好，滴水之恩，当涌泉相报。知恩图报，不仅仅是人的良知，也是我们待人处世的基本原则。

自古以来，中国人关于感恩的道德规范是很清楚的。且撇开君臣主奴这种特定不对等权利义务关系不谈，一般地说，对施恩与受恩两方面的要求是不同的。对于受恩一方，中国人历来崇尚“知恩图报”，更有“滴水之恩，当涌泉相报”的处世格言。

说到感恩，人们一定不会忘记“一饭千金”的故事。

帮助汉高祖打平天下的大将韩信，在未得志时，境况很是困苦。那时候，他时常在城下钓鱼，希望碰上好运气，便可以解决生活问题。但是，这究竟不是可靠的办法，因此时常要饿着肚子。幸好，在他时常钓鱼的地方，有很多漂母（清洗丝棉絮或旧衣布的老婆婆）在河边做工，其中有一个漂母，很同情韩信的遭遇，便不断的接济他，给他饭吃。韩信在艰难困苦中，得到那位以勤劳刻苦但仅能以双手勉强糊口的漂母的恩惠，很是感激她，便对她说，将来必定要重重地报答她。那漂母听了韩信的话，很不高兴，表示并不是因为希望韩信将来报答自己而帮助他的。

后来，韩信替汉王立了不少功劳，被封为楚王。他想起从前曾受过漂母的恩惠，便命从人送酒菜给她吃，又送她黄金一千两来答谢她。

这个故事的意思是说：受人的恩惠，切莫忘记，虽然所受的恩惠是微小的，但在困难时，即使一点点帮助也是很可贵的；等到我们有能力的时候，应该适当地报答施惠的人才是聪明人所为。

同时，这个故事还告诉我们：第一，真心诚意的乐于助人的人，是永远不会想人报答自己的；第二，有钱人对穷人的救济，那是一种捐助，即使穷人真有一天得志了去报答他，也不能称谓“一饭千金”；第三，最难能可贵的是在自己也十分困难的情形下，出于友爱、同情地去帮助别人，这样的帮助，在别人看来，确是“一饭”是值“千金”的。

可是，现代的有些人，你对他施以九十九分的恩惠，只要有一分不如意，他就会永远记恨你。人与人的相处，若能时时怀抱感恩的心情，则仇恨、嫉妒便会消失于无形，是非烦恼自然匿迹于无影。如果我们能时时以感恩的心看这个世间，则会觉得这个世间很可爱、很富有。即使只是树上小鸟的轻唱，路旁花朵的芬芳，也会令你感到心旷神怡，生活在人间自可获得和谐美满。

一个人生活在社会上，在人际关系中有着这样的美誉，岂不是最高的奖赏吗？而与此相对照的忘恩负义的势利小人，则是人们鞭挞的对象，如同英国著名作家莎士比亚所说：“我痛恨人们的忘恩，比之痛恨说谎、虚荣、饶舌、酗酒或是其他存在于脆弱的人心中的恶德还要厉害。”可见莎翁对于忘恩负义之人的憎恨，在这一点上无论古今中外世人都是一致的。

做人必须知恩图报。因为感恩之人的内心是充盈的，是自在快乐的，是幸福的！感恩的行为也必定会受到人们的赞许和肯定。相反，一个不懂得感恩的人而忘恩负义之人只会得到人们的唾弃，只会让自己陷入痛苦、孤立、失败的境地。

感恩是富裕的人生

一个人从呱呱坠地到蹒跚学步、长大成人、步入社会，不知要摔多少跤。但庆幸的是，每一次摔倒可能都被人扶一把，因此能一路走来，尽情地享受今天的生活。

羔羊跪乳，乌鸦反哺，动物尚且感恩，何况作为万物之灵的人类呢？常怀感恩之心，才能真正地了解自我，才能正确地把握人生。

对于一个人来说，感恩是一种内心的充盈，感恩是一种富裕的人生。它是一种深刻的人生感受，能够增强个人的魅力，是开启神奇的力量之门，能够发掘出无穷的智能。没有感恩，爱心之树就会失去成长的沃土，爱心之舟也必将搁浅在心灵的荒漠之处。

我们要感恩父母、我们要感恩老师、我们要感恩妻儿，、我们要感恩同伴、我们要感恩团队、我们要感恩领导、我们还要感恩苍天大地，是他们给予了我们生存的空间。同时，我们还要感恩曾经给我们带来痛苦、不幸，甚至伤痛的人。

普希金在他著名的短诗《假如生活欺骗了你》中写道：假如生活欺骗了你 / 不要忧郁，也不要愤慨 / 不顺心时暂且克制自己 / 相信吧，快乐之日子就会到来 / 我们的心儿憧憬着未来 / 现今总是令人悲哀 / 一切都是暂时的，转瞬即逝 / 而那逝去的，将变为可爱。

曾经有人写过这样一段话：“感激伤害你的人，因为他磨炼了你的心志；感激欺骗你的人，因为他增长了你的见识；感激鞭打你的人，因为他消除了你的懈怠；感激遗弃你的人，因为他教导了你应自立；感激绊倒你的人，因为他强化了你的能力；感激斥责你的人，因为他助长了你的智慧。”这段话从另一个方面告诫了我们：当我们失去一些东西的时候，又会得到一些东西，而得到的这些往往更加弥足珍贵。有时候表面上看是坏事，却又是我们人生的幸事。

正像俄国著名小说家契诃夫所说的那样：“如果你手上扎了一根刺，那你应该高兴才对，幸亏它不是扎在眼睛里。”

许多人知道，在水中放一块明矾，就能沉淀所有的渣滓；同样，在心中培植一种感恩，则可以沉淀许多浮躁与不安，消融许多不满与不幸。这不失为一种在逆境中积极向上的人生态度。

如果我们每天都怀着一颗感恩的心去工作，相信工作时的心情自然是愉快而积极的，你的人生积淀也会愈加深厚、愈加丰实。

怀着一颗感恩的心，去看待社会、看待父母、看待亲朋，你将会发现自己是多么快乐。放开你的胸怀，让霏霏细雨洗刷你心灵的污染。在爱与感恩中升华自己，因为这会使世界更美好，使生活更充实。

一颗感恩心，幸福伴一生

任何人的成功都离不开自己的努力。实际上，成功还有一个不容忽视的事实是，成功者都受到过别人的帮助。一旦你选择了明确的目标，并付诸行动，你就会在不经意间发现许多人给予你意料之外的协助。因此，你必须感谢这些帮助过你的、扶持过你的、鼓励过你的人，同时也要感谢苍天对你的眷顾。

心怀“感恩”，是一种深刻的情感积蓄。它能够增强个人的魅力，开启通向幸福的大门，发掘出无穷的智慧源泉。感恩是一种生存的态度和良好的习惯，你必须真诚地感激别人，感激一切美好的事物，而不只是虚情假意。

时常怀有感恩的心，会变得更谦和可敬，和蔼可亲。

世间所有的事情都是相对的，不论人遭遇到多少恶劣的情况、多么大的困难，它们都还可能变得更糟。所以你要感到庆幸，因为你所经受的磨难还很少。每天都用一点时间，为你的所得而感激，为你的幸运而感恩。

生活中的虔敬之辞应该常怀在心，有时也应该要常说出嘴，千万不要吝啬。以特别的方式表达出你的感谢之意，这比物质的礼物更可贵、更持久。

花一点时间和精力，把你的创意发挥在感谢别人身上。例如，你是否曾经想过写一张字条给你的领导，告诉他你的工作进展，感谢工作中获得的点点滴滴。有了这种独具一格的感谢方式，你的领导肯定会注意到你。感恩是相互的，也是会被感染的。领导也会以类似具体的方式传达他的谢意，感谢你所提供的服务与工作。

其实，生活处处存在感激，千万不要忽略你周围的人，比如你的妻子、亲人、朋友及工作的伙伴。他们或多或少地理解过你、扶持过你，那么勇敢地说出你的感谢吧，他们会很感激你对他们的信任。如果经常如此，就可以增强亲情、友情与家庭的凝聚力。

现实生活中，每个人都在与他人交往，相互帮助是必需的。如果你只知道一味地索取而忽略了付出，换句话说，就是知恩不报，那么总有一天会遭到周围人的抛弃。

无论遇到什么样的情况，永远都需要感谢。感恩不花一分钱，却是一项具有无穷魅力的投资，会充实你的人生，成就你的未来。

感恩给了生命更多希望的选择

没有什么比希望更能改变我们的处境了。当我们陷入低谷的时候，当我们败下阵来的时候，当我们面临一场巨大灾难的时候，我们都应该感恩，感恩这些给我们带来更多希望的选择。感恩给我们希望，使我们忘记眼下的不顺，使我们的人生重新插上飞翔的翅膀。

当你处在人生低谷的时候，只要你抬脚走，就会走向高处，这就是否极泰来；如果你躺下不动了，这就是坟墓。请相信，终有一条路是为你准备的。

作为人生旅途中的一段灰暗路程——时运不济，人人都可能遇到，只不过有些人遭遇的时间短一些，有些人遭遇的时间长一些。可是，一辈子都没有遇到低谷的人是很少的。

感恩生命的人，在他的生命中或许有“失望”。但不是“绝望”，总要满怀“期望”。在绝望的境地中，只要心中向往美好，对生活怀有希望，就没有真正的绝境。只有我们对自己抱有信心，别人才会对我们萌生信心的绿芽。

具有多重社会角色的人，在生活中难免会在某个时候陷入低谷，或者跌入绝境。有些人能够谷底反弹，超越眼前的障碍，看到更高处的风景。

有些人则越陷越深，垂头丧气，失去了拼搏的志气，任由自己顺其自然地发展。他们命运的差别，不是天造成的，而是自己造成的。那些在绝境中坚信奇迹会出现的人，总能看到更美好的未来。

巴尔扎克说：“绝境，是天才的晋身之阶，信徒的洗礼之水，能人的无价之宝，弱者的无底之渊。”绝境是你放弃错误想法的结束，也是你选择正确做法的开始。你不在绝境中发迹，就在绝境中沦落。一个平凡人，成为一个领域的英雄或者成为一个时代的英雄，是挫折和磨难使然。英雄和平凡人的区别就在于，英雄在逆境中抓住了逆境背后的机遇，在绝境中创造了奇迹。而平凡人在逆境中选择了随波逐流，在绝境中选择了放弃。什么事情，都是成也在人，败也在人。失败者并不是天生就比成功者差，而是在逆境或者绝境中，成功者比失败者多坚持了一分钟，多走了一步路，多思考了一个问题。他山之石，可以攻玉。他人之事，我事之师。

20世纪30年代，一艘名为“高斯号”的英国轮船来到南极探险。不料“高斯号”碰巧遇上了特大的暴风雪，气温下降到–56℃，海面结冰，“高斯号”在一望无际的冰海里无法动弹。船员们想尽了办法，先是用锯子、铁锤把轮船周围的冰块锯开、敲碎，这样船身虽然能动，但仍然开不出去。船员们又试图用炸药把冰块炸开，但炸药的量太少，无法炸开一条通道。

一船人折腾得精疲力竭，一筹莫展的他们只好讲故事来打发时间，等待救援。其中有个船员为大家讲了这么一个故事：

“一个瞎子在太阳底下卖布，他有两种布：一种是白布，价钱比较便宜；一种是黑布，价钱偏贵。这时来了一个顾客，对瞎子说是要几尺白布，付过钱后却要拿走黑布。那瞎子摸了摸那人想要拿走的布，生气地说：‘你为什么要欺骗一个双目失明的人？你拿的明明是黑布呀！’顾客便反问道：‘既然你双目失明，怎么能知道我拿走的是什么布呢？’瞎子笑笑说：‘白布能反射阳光，而黑布能吸收阳光，所以在阳光下黑布比白布热。我用手一摸，就知道你拿的是什么布了。’”

故事讲完后，船长忽然想起了什么，对大家说道：“说不定我们可以试试这个方法！如果我们把船上的黑灰、煤屑和垃圾撒到船周围的冰上，根据它们能吸收阳光的道理，或许可以使冰融化。在南极，从9月到明年3月一直都是白天呢！”

船员们听后点点头，只要有一线希望就要试试。于是大家行动起来，把船上所有的黑灰、煤屑和垃圾都运到冰上去，足足铺了两公里长。奇迹真的发生了：撒了黑灰的冰面开始慢慢地融化、松动，就这样，“高斯号”脱险了。

许多时候，看似是走投无路，但只要学会思考，有时你就会茅塞顿开，面临的难题也会迎刃而解。永远不要坐以待毙，什么时候都不要放弃希望，面临迷惘和困境时，思考有时会将难题解决，因为人生没有绝境。

面对绝境，要灵活地去发现机遇并把握机遇，世上没有绝境，只有内心绝望的人。机遇到处都有，只要你有足够灵活的头脑、足够灵活的慧眼和灵活把握机会的意识。切记，多一次逆境，就多一份成熟；多一次绝境，就多一次机遇！

这个世界上，从来没有什么真正的“绝境”。无论黑夜多么漫长，朝阳总会冉冉升起；无论风雪怎样肆虐，春风终会缓缓吹拂。当低谷的境界接连不断，当失败如影随形，当命运之门一扇接一扇地关闭，我们永远也不要怀疑：总有一扇窗会为你打开。机会总是存在的，只要你能灵活运用。没有足够灵活，怎么能想到用一只眼写出一本书呢？没有足够的灵活，就会放弃生活，放弃机遇，认为命运不公，陷入“绝境”。

人的一生中，低谷是难免的，人生起起落落无法预料，但是有一点一定要牢牢记住：永不绝望。当我们遇到低谷时，千万不要忧郁沮丧，无论发生什么事情，无论你有多么痛苦，都不要整天沉溺于其中而无法自拔，不要让痛苦占据你的心灵。

如果你留心，你会发现，越是在低谷中，奇迹反而更容易出现。“水果不仅需要阳光，也需要凉夜。寒冷的雨水能使其成熟。生活中匪夷所思的事情总会发生在你身上，就如那些美好事物不可能是现成的，人要有一颗感恩的心态，切勿因冲动而做出傻事。人应当这样告诉自己：我要坚强，要满怀解决事情的希望！

现实生活中许多不期而遇的低谷，给予强者坚实的臂膀，而给予弱者的则是无限的畏惧与退缩。低谷可以磨炼人的能力，可以磨炼人的毅力，可以使人坚强，可以使人成长。拥有感恩心态的人，把低谷看做一笔财富，他们以洒脱的心情，看待上天给予的恩赐，把这样的财富一笔又一笔地存储在人生的银行里，让自己的人生储蓄更为丰厚。

人生不会一路都是晴天，难免会有风、雨、雪、霜。我们不能轻易放弃，任何时候都要心存希望，坦然地接受人生四季给我们带来的苦与乐、喜与忧。哲人说，希望是抚慰悲伤的最好乐章。我们必须接受有限的失望，但千万不可失去无限的希望，更不要随随便便对生活绝望。

人在一生当中难免会有低谷、伤心甚至绝望的时候，但是，一旦我们消极应对，就可能会偏离人生的轨道，在忧郁中沉沦，再也寻找不到半点希望的光芒。所以，当我们身处悲伤和困苦中时一定要学会永不绝望，相反，我们要感恩困苦与磨难给了成长、成熟，直至成功的机会。

感恩知足是幸福的源头

知足的人大多拥有一颗恬静淳朴的心。他们懂得一心一意地呵护现有的生活，珍惜身边的一切，始终以一颗“得之我幸，失之我命”的平常心看待生活中的成败得失。因为珍惜，他们对生命中的点滴光阴充满感激；因为知足，他们对现在拥有的生活感到无比幸福。

知足就是幸福的源头，因为知足是一种良好的生活态度，它能使人变得更加睿智、平和。知足的人不会轻易为身外之物所累，知足的人向往幸福却从不奢求不切实际的幸福，知足的人追求快乐因而总是对生活充满了信心。

一个人的幸福，不是因为他拥有的多，而是因为他计较的少。如果你还在为领导不给涨工资心生不快，请想想那些下岗待业的人们，起码你还有一份稳定的工作；如果你还在为自己不够英俊潇洒而自卑烦恼，请想想那些要依靠外部力量帮助才能正常生活的残障人，起码你还拥有一个健康的身体；如果你还在为年迈的父母整日的唠叨而感到厌烦，请想想那些“子欲养而亲不待”的人，起码你还有一个完整的家庭……其实，你一直都很幸福!

从前，有一个人，他生前善良且热心助人，所以在他死后，升上天堂，做了天使。他当了天使后，仍时常到凡间帮助人，希望感受到幸福的味道。

一日，他遇见一个农夫，农夫的样子非常苦恼，他向天使诉说：“我家的水牛病死了，没它帮忙犁田，那我怎能下田作业呢?”

于是天使赐他一头健壮的水牛，农夫很高兴，天使在他身上感受到了幸福的味道。

又一日，他遇见一个男人，男人非常沮丧，他向天使诉说："我的钱被骗光了，没盘缠回乡。"

于是天使给他银两做路费，男人很高兴，天使在他身上感受到了幸福的味道。

又一日，他遇见一个诗人，诗人年轻、英俊、有才华且富有，妻子貌美而温柔，但他却过得不快活。

天使问他："你不快乐吗？我能帮你吗？"

诗人对天使说："我什么也有，只欠一样东西，你能够给我吗？"

天使回答说："可以。你要什么我都可以给你。"

诗人直直地望着天使："我要的是幸福。"

这下子把天使难倒了，天使想了想，说："我明白了。"

然后，天使把诗人所拥有的都拿走了。

天使拿走诗人的才华，毁去他的容貌，夺去他的财产和他妻子的性命。

天使做完这些事后，便离去了。

一个月后，天使再回到诗人的身边，他那时已饿得半死，衣衫褴褛地躺在地上挣扎。

于是，天使把他的一切又还给了他。

然后，天使离去了。

半个月后，天使再去看诗人。

这次，诗人搂着妻子，不住地向天使道谢。

因为，他得到幸福了。

幸福是什么？一千个人就会有一千种答案。幸福本没有绝对的定义，在梭罗看来也许淳朴的生活就是幸福，在林肯总统看来也许国家的安定团结就是幸福……你的幸福就是你此刻能拥有和已拥有的一切，人应当懂得感恩和知足。

人生在世，浮游一世而已，尽管如此，人们还是在不断求索着，选择着，在时间的长河里尽可能地为自己选择一条不悔的路。

善待自己，处处珍惜自己。人生苦短，光阴如白驹过隙，又何其渺小，如东坡公所叹，“寄蜉游于天地，渺沧海之一粟”。何必贪求太多?芸芸众生，幸运者又有几人？感恩是一种冰清玉洁的情感，感恩的人能够不用衡量便坦然做出自己的选择，知足常乐。知足的人，又怎么会不善待自己呢？

因此，感恩知足吧，知足让我们在生活中找到乐趣，找到安详的幸福。

羡慕别人不如感恩自己的生活田园

所有的快乐和不快乐，都在于人们内心的想法，所有的快乐都等待着你去感知。其实快乐一直都在你心中，只是它无法开口说话，只要人人都懂得知足常乐，那么快乐也就可以常伴人们左右了。

会享受人生的人，不会在意拥有多少财富，不会在意住房大小、薪水多少、职位高低，也不会在意成功或失败，他们不会计算已经失去的东西，只会计算现在还剩下的东西。这个十分简单的计算法，就是不生气的一种智慧。

生活中有些人总是羡慕那些明星和名人日日淹没在鲜花和掌声中，名利双收，以为世间苦痛都与他们无缘。这是羡慕别人的盲区，也是一些人老是羡慕别人光鲜处的原因。事实上，走进明星和名人的生活，你会发现他们同样有着不为人知的心酸。

尽管我们都知道“人比人，气死人”的道理，可在生活中，我们还是要将自己与周围环境中的各色人物进行比较，比得过的便心满意足，比不过的便在那儿生闷气发脾气。

在一个动画短片里，主人公以自述形式说道：“小时候，我就对朋友说，我长大后只要有口饭吃，有个好丈夫就很满足了。但现在，我发觉即使要做到这样也真的好难!”

俗话说，人生失意无南北，宫殿里也会有悲恸，茅屋里同样也会有笑声。只是，平时生活中无论是别人展示的，还是我们关注的，总是风光、得意的一面，这就像女人的脸，出门的时候个个都描眉画眼，涂脂抹粉，光艳亮丽，这全是给别人看的。回家以后，一个个都素脸朝天。于是，站在城里，向往城外，而一旦走出了围城，就会发现生活其实都是一样的，有许多我们一直在意的东西，在别人看来也许根本就不算什么。所以，我们根本就没必要将自己的眼光一直投放到别人的生活上，多关注一下自己，欣赏一下自己的人生，才能让自己真心体会到生活的快意。

既然如此，我们为什么不能因为自己现在拥有的一切而让自己快乐起来呢?

是啊，你拥有的还不够多吗?你有一个健康的身体，你有一份稳定的工作，你有爱你的家人，你不用整天为生计担心，难道这还不算幸福?你又何必整日愁眉苦脸、唉声叹气呢?

一位60多岁的女富人，由于投资失误而倾家荡产，还欠下了一大笔债务。于是她卖掉房子、汽车，以便还清债务。

无儿无女的她穷困潦倒，惟有一只心爱的猎狗和一本书与她相依相随。一天，她来到一个荒僻的村庄，找到一个避风的茅棚，于是便在里面歇息了一晚。但第二天醒来，她忽然发现心爱的猎狗竟然被人杀死在门外。

惟一与自己相依为命的猎狗都没了，她对人生感到彻底绝望，觉得世间再也没有什么值得留恋的了，于是想到了要结束自己的生命。她最后扫视了一眼周围的一切。这时她才发现，整个村庄一片死寂。尸体，到处是尸体，眼前这一切太可怕了，她不由得疾步向前，到处都是一片狼藉。显然，这个村庄昨夜遭到了匪徒的洗劫，整个村庄一个活口也没留下来。

此时，一轮红日冉冉升起，明媚的阳光照到了老人的脸上。老人这才意识到：我是这里惟一的幸存者，我没有理由不珍惜自己，我一定要坚强地活下去。虽然我失去了心爱的猎狗，但是我得到了生命，这才是人生最宝贵的。

珍惜自己所拥有的一切，不为自己欠缺的东西而苦恼，就能感受到幸福。其实，我们绝大多数人所拥有的，远远超过了所想象的，可惜总被自己所忽略。你的收入虽然不高，但粗茶淡饭管饱管够，绝无那些富贵病的侵扰；你的配偶或许并不出众，但他（她）能与你相亲相爱，白头偕老；你的孩子虽然没有考上大学，但他却懂得孝敬父母，知道自力更生……人生，该数数的东西还有很多很多。

激荡狂欢是一种快乐，远离喧嚣、感受宁静也是一种快乐；有妻儿相伴是一种快乐，在父母身边膝下承欢也是一种快乐；拥有财富是一种快乐，两袖清风终老一生也是一种快乐。

所以，不要再去羡慕别人如何，好好数算上天给你的恩典，你会发现自己所拥有的绝对比没有的要多，爱你的生命，它会焕发出更明亮的光。

感恩亲情，享受幸福的温馨

没有阳光，就没有日子的温暖；没有雨露，就没有五谷的丰登；没有水源，就没有自然界的生命；没有父母，就没有我们自己；没有亲情、爱情和友情，就没有爱的温暖相伴……

爱在这个世界上不停地旋转，感恩也是有意义的。父母的付出远远比山高、比海深，而作为孩子，只知饭来张口、衣来伸手。似乎两者之间有一条隔离带，让我们变得自私自利，忘记了父母的付出，忘记了那一声声快乐。让我们学会去感激别人，表达自己的一份良心、一份孝心，这样才会有和睦，有快乐，有彼此间的敬重。

从婴儿的“哇哇”坠地到哺育孩子长大成人，父母花去了多少心血与汗水，付出了多少日日夜夜；从小学到中学，乃至大学，又有多少老师为学生呕心沥血，默默奉献着光和热，燃烧着自己，点亮着他人。

这时的感恩是发自于内心的。俗话说“滴水之恩，当涌泉相报。”更何况父母、亲友为你付出的不仅仅是“一滴水”，而是一片汪洋大海。你是否在父母劳累后递上过一杯暖茶，在他们生日时递上过一张卡片，在他们失落时奉上过一句问候与安慰？他们往往为我们倾注了心血、精力，而我们又何曾记得他们的生日，体会过他们的劳累，又是否察觉到他们那缕缕银丝、那一丝丝皱纹？感恩需要你用心去体会，去报答。

也许听过这么一句话：爱人者，人恒爱之。要知道，对生活怀有一颗感恩之心，即使遇上再大的灾难，也能熬过去。回报那些对自己有恩的人，友好地对待他人，你的人生必定是幸福而快乐的。

感恩，让我们以知足的心去体察和珍惜身边的人和物；感恩，让我们在渐渐平淡麻木的日子里，发现生活本是如此丰厚而富有；感恩，让我们领悟和品味命运的馈赠与生命的激情。

感谢天地，感谢命运，天地宽阔，道路坎坷，但只要心中有爱，心存感恩，我们就会努力，我们就可以前行。

我们怀着细腻的心感受着一切，感受亲情的无私与毫无保留。家长在我们心中的形象是如此的伟岸，而同时我们也惊喜地发现，他们渴望理解我们，也渴望被我们理解。

现实生活中，当我们遇到困难、遭遇挫折、犯了这样或者那样的错误时，正是亲情的无私奉献与关爱拯救了多少个不幸、悲观的人，帮助了许多绝望的人重新燃起生命的希望。

亲情是荒寂沙漠中的一片绿洲，当你落寞惆怅、软弱无力、干渴病痛时，看一眼就满目生辉，心灵得到恬适，也不会再孤独，你疾步上前，只需一滴水，滚滚的生命汪洋便会蔓延心中。

亲情是航行中的一道港湾，当我们一次次触礁时，缓缓驶入，这里没有狂风巨浪，我们便可以在此稍作停留，修补创伤，准备供给，再次高高扬帆。

人的一生会遇到许许多多值得回忆和留恋的人，包括亲人、爱人、同学、朋友、老师等。这些人在生命的旅程中，都曾给过我们关爱，给过我们帮助，他们是我们终身感恩至深的人。

第六章

善待逆境后的愉悦是拥抱幸福的气度

可以说，没有谁的人生会是完美无缺、一帆风顺的。脆弱的人会因为挫折和逆境的冲击而消极低落、一蹶不振、一败涂地。相反，有的人却会把逆境当做动力，激励自己顽强地拼博奋斗，直至成功。逆境不是所有的人都可以逾越的，成功与幸福也不是所有人都能够获得的。善待逆境需要的是勇气和智慧，善待逆境后的成功就是一种愉悦，这种愉快就是一种快乐、一种幸福。当我们站在逆境的边缘，只有保持清醒的头脑，端正态度，有崇高的追求，才能使幸福更长久。

在逆境中前行，体验独特的幸福

可以说，没有谁的人生是一帆风顺的，坎坷与逆境无可避免。当逆境与你擦肩而过时，不要灰心丧气，要找出原因，使逆境转化为顺利，努力把困难和逆境变成人生的财富、幸福的垫脚石。

真正拥有幸福的人，在“顺境”中不会为掌声和鲜花所陶醉，并能克服所发生的不利因素；在“逆境”中也善于创造并利用有利条件，坚定而果敢地前进。

这就好比种子和土壤决定着一个生命胚胎最终的成熟状态一样。有的生命之根扎在逆境的土地上。逆境可以激发人的奋斗精神，可以锤炼人的坚强意志。逆境是生活的阶梯，幸福上，消极下，作用力越大，反作用力越强。逆境磨炼意志，给人才华，这是逆境造就幸福的含义。

真正幸福的人是那些已经学会面对人生挑战，并能把逆境中体验独特的幸福经验传送给自己的人；而那些承认人生失利，并且画地为牢的人，才是真正的不幸者。

一般来说，逆境是指与顺境相对的一种人生境况，主要是人生在遭受挫折之后形成的一种状态。但事实上，逆境是人生的宝藏，主要体现在以下几个方面：首先，逆境可以使人奋进，走出迷雾，校正人生；其次，逆境能磨炼人的意志，获得前进的动力；再次，逆境能使人思考生活，思考人生，升华思想，即将逆境中的压力、阻力和摧毁力变成人生道路上的推动力。

其实，有相当多的问题起之于人的“内因”，起之于个人的主观。比如说，当一个人将目标定得太高而好高骛远时，往往不会取得成功；有的人目标倒还现实，然而缺乏必要的手段，结果还是以失败告终。这不是说外因不起作用，环境不重要，而是说在很多复杂因素的作用下，单凭个人的能力是很难驾驭和改变的，而对于自己，却没有人能阻挡你成为自己的主人。

英国的威灵顿将军，这位打败英雄的英雄并不只是幸运而已。他也曾有过打败仗的滋味，并且多次被拿破仑的军队打得落花流水。

最落魄的一次，威灵顿将军几乎全军覆没，只好落荒而逃，迫不得已藏身在破旧的柴房里。

在饥寒交迫中，他想起自己的军队被拿破仑打得伤亡惨重，这样还有什么脸面去见家乡父老呢？万念俱灰之下，想到一死了之。

正当他心灰意冷的时候，突然看见墙角有一只正在结网的蜘蛛。一阵风吹来，网立刻被吹破了，但是蜘蛛并没有就此罢休，它再接再厉，不断吐丝，重新结网。好不容易又快要结成时，一阵大风吹来，网又散开了，蜘蛛毫不气馁，转移阵地又开始编织它的网。像是要和风比赛一样，蜘蛛始终没有放弃，风越大，它就织得越勤奋，等到它第8次把网织好以后，风终于完全停止了。

当威灵顿将军看到这一幕，不禁有感而发：小小的一只蜘蛛都有勇气对抗大自然这个强大的劲敌，何况自己一个堂堂的将军，更不能轻易地就被一时的失败打倒，自己也应该像蜘蛛一样屡败屡战，坚持奋战到底，怎能因为一时的失败而丧失斗志呢？

于是，威灵顿将军接受失败的事实，并且重整旗鼓，苦心奋斗了7年之久，最后在滑铁卢之役一举打败拿破仑，最终获得了更大的胜利。

威灵顿将军赢在坚忍不拔的品格上。如果说世界上有一种药能够救人于失败落魄的境地，那么这剂药的名字就叫“坚韧”。坚韧能成就人生、成就理想、成就希望。

大发明家爱迪生说得好：“伟大人物最明显的标志，就是他有坚强的意志，无论环境变化到何种地步，他的初衷与希望仍不会有丝毫的改变，最后能克服障碍，达到期望的目的。”所以说，“不坠青云之志”是克服挫折的首要条件。

在逆境中站起来的是强者，被逆境击垮的是弱者。弱者在逆境面前只看到困难和威胁，只看到所遭受的损失，后悔自己的行为或怨天尤人，因而整天处于焦虑不安、悲观失望、精神沮丧等消极情绪之中。强者则与之相反。

逆境并不都是坏事，不管它是否给人带来灾难，关键是你能否正确地对待它、勇敢地驾驭它。强者之所以是强者，就是因为他们敢于面对逆境，不逃避、不屈服，冷静地面对逆境。

逆境使强者产生挫折感，而强者在挫折后能够冷静地思考逆境的根源，思考如何避免逆境给人带来的灾难，然后想办法补救或改善，实在改变不了就另辟蹊径，这便是逆境中产生的创意思考。正所谓“苦难是人生的老师”，逆境能促使强者学会抗争和思考。

在人生的风雨中拥抱幸福

有人说，活着就是一种莫大的幸福。拥有如此胸怀的人，定是经过无数大风大浪后，坦然面对命运的智者。

坦然蕴含的是坚实的、无可比拟的力量，是一种对生活巨大的热忱和信心，是一种高格调的真诚与豁达，是一种直面人生的智慧与勇气。境由心生，境随心转，我们内心的思想可以改变外在的容貌，同样也可以改变周遭的环境。

从某种意义上说，人不是活在物质里的，而是活在自己的精神世界里的，如果一个人的精神垮了，没有人救得了他。

不幸这两个字读来就让人觉得苦楚。我们听过很多悲惨的故事，或许也见过很多不幸的人。但对于大多数人来说，不幸降临到自己身上的几率并不是太大。此时你可以说自己是幸运的，但万一不幸真的光顾了你，那么，你的生活就会百分之百陷入不幸的阴影中。

人都有一个一辈子让幸福笼罩着的梦想，希望自己的生活时时都绚烂多彩，同时也无风无浪，事事顺利。但这本身就是矛盾的。哲人说，每个人都是被上帝咬过的苹果，之所以咬你更深，是因为独爱你的芬芳。不要抱怨生活中的不幸降临到你的身上，不要慨叹你的生活总是出现逆境，所有的苦难不会打倒一个强者，只会让强者更加坚强。

任何事物和现象的发生，都有它一定的原因。在紧急的情况下我们无法追究原因，也无暇追究原因，惟有面对它、改善它，才是最关键、最要紧的。也就是说，遇到任何困难、艰辛、不平的事情都不要逃避，因为逃避不能解决问题，只有用我们的智慧和勇气把责任担负起来，才能真正从困扰的问题中获得解脱。

所有的不幸只是五彩缤纷的生活中的一种颜色，对于幸福人来说，它只会是轻描淡写的一笔，而不会成为生活中的主旋律。当不幸偶然侵袭，一味悲伤是改变不了现状的，一切都不可能再复原，与其一味悲伤导致第二次不幸，不如振奋精神，转换思路，积极向前开拓自己的人生。除此之外没有其他更好的、可以改变现状的办法。

《我希望能看见》一书的盲人作家波纪儿·戴儿在书中这样写道：我只有一只眼睛，而眼睛上还满是疤痕，只能透过眼睛左边的一个小洞去看。看书的时候必须把书本拿得很贴近脸，而且不得不把我那一只眼睛尽量地往左边斜过去……

然而，尽管生活如此困苦，但波纪儿·戴儿却始终不肯接受别人的怜悯，更不愿意让别人认为她“异于常人”。

小时候，波纪儿·戴儿想和别的小孩子一起玩“跳房子”，可是她看不见地上所画的白线，只好在别的小孩子都回家以后，自己趴在地上用眼睛仔细地瞄来瞄去，从而尽量地把小朋友们所玩过的每一个地方都牢牢地记在心里，很快她也就成为玩“跳房子”游戏的好手了。

在家里看书，波纪儿·戴儿把印着大字的书贴近自己的脸，以至于眼睫毛都要碰到书本了。正是凭着这股子顽强的拼搏劲，她先后获得了明尼苏达州立大学的学士学位和哥伦比亚大学的硕士学位。

在波纪儿·戴儿52岁的时候，一个奇迹发生了，在著名的梅育诊所施行一次手术之后，她的视力比以前恢复了40倍，一个全新、可爱的、令人兴奋的美丽世界终于展现在了她的眼前。

波纪儿·戴儿像个小孩子一样不停地手舞足蹈，她发现：即使是在厨房里的水龙头下洗刷碗筷，也会让自己特别开心。波纪儿·戴儿这样写道：我开始玩着洗碗盆里的肥皂泡沫，我把手伸进去，抓起了一大把的肥皂泡沫，我把它们迎着太阳举起来，可以清楚地看见，在每一个肥皂泡沫中，竟然都有一道小小的彩虹在闪耀着明丽的色彩……

对于拥有幸福的人来说，不幸在他们眼里只是前行路途中的一粒粒小小的石子，偶然被踩到脚下，只是微微发硬，抬起脚，再向前迈一步，一切都将成为过去。

其实，幸运女神存在于每一个人的身边。对于幸福的人而言，幸运女神总是从身后慢慢地向他走来，在诸多的不幸让他逐渐放慢脚步之后，他才和着幸运女神的脚步慢慢地向前奔去。其间，幸运女神追上了他并和她并肩前行。然后，幸运女神拽着他一口气向前飞奔。

有时候，一个人的精神可以击败许多不幸。因为对于人的生命而言，要存活，只要一箪食、一钵水足矣。但要存活下来，并且活得精彩，就需要有宽广的心胸、百折不挠的意志和化解不幸的智慧。

战胜逆境，你就能笑到最后

面对人生接连出现的挫折时，抬起头来，笑对它，相信“这一切都会过去，今后会好起来的”。要谨记，希望是不幸者的第二灵魂，向往美好的未来，是应对挫折时候最好的自我安慰。

“咬定青山不放松，立根原在破岩中；千磨万击还坚劲，任尔东西南北风。”用郑板桥这首诗来形容人的韧劲和毅力，颇为恰当。希望得到幸福的的人要明白，逃离困难，躲避挫折，只会把自己的活力与成长力剥夺殆尽，对待挫折的态度往往决定一个人的幸福。

人生之路再顺畅，也会有不平整的地方，若一不留神，可能会让你崴到脚，让你步履蹒跚，但你不能因此而中断前进的步伐。一如生活中挫折常常出现，事事也不可能顺利，幸福的人，他会微笑着迈着脚步永远向前。

相信很多人都喜欢别人用“百折不挠”来形容自己的坚强，爱迪生所说的“我绝不允许自己有一点灰心丧气”，这就是“百折不挠”精神的一种表现。实际上，许多成功的取得何止“百折”！人也需要有那种刚强的决心和韧性，这样才能经得起挫折，才能走向成功。正如居里夫人所言：“人要有毅力，否则将一事无成。”英国文豪狄更斯也认为：“顽强的毅力可以征服世界上任何一座高峰。”

新时代的人不能在心里承认自己是弱者，尤其是在遇到挫折的时候，更应该表现出坚韧。

体坛的微笑美女桑兰，她在面对人生重大变故时表现出来的乐观使每个人都曾为之感动和赞叹。

在1998年7月21日的晚上，在纽约友好运动会上，桑兰意外受伤，在许多人都为她的体育生涯就此画上句号而万分遗憾、痛心之时，默默无闻的、17岁的桑兰却用自己灿烂的微笑坦然地面对这一切，最终成了备受全世界关注的人。

桑兰的受伤确实是个意外。当时桑兰正在进行跳马比赛的赛前热身，在她起跳的那一瞬间，外队一名教练"马"前探头干扰了她，导致她动作变形，从高空栽到地上，而且是头先着地，以致身受重伤。

这个笑容甜美的姑娘来自浙江宁波，1993年进入国家队，个性温顺，但在遭受如此重大的变故后却表现出难得的坚毅，她的主治医生说："桑兰表现得非常勇敢，她从未抱怨什么，对她我能找到表达的词就是'勇气'。"就算是知道自己再也站不起来之后，她也绝不后悔练体操，她说："我对自己有信心，我永远不会放弃希望。"

因为她的坚强、乐观，美国院方称她为"伟大的中国人民光辉形象"，而那么多美国普通人去看她，并不只是因为她受伤了，而是被她坚强不息的精神所感染。

前国务院副总理钱其琛在看望桑兰时说："中国领导人和中国人民都知道这位勇敢的女孩的事。"美国前总统克林顿、卡特和里根都曾给桑兰写过信，赞扬她面对悲剧时表现出来的勇气和以微笑面对人生的态度。桑兰与"超人"会面的经过在美国ABC电视台播出，这个电视台50年来只采访过两个中国人，一个是邓小平，一个是桑兰。桑兰还如愿以偿地见到了自己的偶像莱昂纳多·迪卡普里奥和席琳·迪翁。她的监护人说："她太可爱了，像我们这些在她身边的人都愿意去帮助她……"

桑兰这位不到20岁的年轻姑娘用惊人的毅力和乐观的态度对待突如其来的打击，在她的心中，从没有沮丧和失败这两个词，有的只是对生活的希望与感恩，对关心她的人的无限感激。

巴尔扎克说：世界上的事情永远不是绝对的，结果因人而异，挫折对于天才是一块垫脚石，对于能干的人是一笔财富，对于弱者则是万丈深渊。对于幸福的人来说，它只是一种经历，一片风景，一种成熟，一种使生活更富味道的作料。

没有与挫折斗争的经历就不是真正的人生。弱者总想找捷径，但强者以达到目标为信念，在挫折面前，他们会卷起袖子来努力迎接挑战。

正如“苦难本是一条狗。生活中，它不经意就向我们扑来。如果我们畏惧、躲避，它就凶残地追着我们不放；如果我们直起身子，挥舞着拳头向它大声吆喝，它就只有夹着尾巴灰溜溜地逃走。”挫折如同盘踞在角落的野兽，随时会突然出现，让你防不胜防，所以一定要保持坦然、幸福的心态，可以随时应对任何挫折。当一个人能抱着幸福心态看人待物的时候，看到更多的是事情美好的一面，相信事情可以有转机，那么事情往往也会按照意愿去发展。

历览成功者们的足迹，我们发现，他们大多起始于平凡、甚至是恶劣的环境，并大多都经历过许多令人心碎的挣扎和奋斗。他们的转折点通常都是在危急时刻才降临。经历了这些沧桑之后，他们就具有更健全的人格。

拥有幸福的人知道，一个人驾驭生活的技巧和主宰生活的能力，是从困境和挫折中磨砺出来的。和世间任何事情一样，挫折也具有两重性。一方面它是障碍，要排除它必须花费更多的力量和时间；另一方面它又是一种肥料，在解决它的过程中能够使人更好地锻炼提高。

人生的冷遇也是一种幸运

最终获得幸福的人只有经历磨难与熔炼，才会激发自身的潜力，使视野更加开阔，使灵魂得到升华，这样的人生才会走得更稳，成功才会更牢固。一个可以吃常人不能吃的苦的人，必然可以做常人不能做的事，就能获得常人得不到的幸福。

生活中，谁都难免遇到不顺，这很正常，关键是你能否发现其中的奥秘，能否把每一个困难和挫折，都当做是上天赐予我们的宝贵机会。当你被绊倒时，不要伤心，不必难过，从容爬起来，拍掉身上的灰尘，然后继续朝着你的人生目标前进！

冷遇就是一块人生的磨刀石，我们的生命只有经历冷遇的磨砺，才会发出耀眼的光芒。“不经历风雨，怎能见彩虹？”多少次的跌倒与爬起，多少次艰辛的求索，只有经受了冷遇，人生的步伐才能更加坚实。

一次成功的远洋航行，必定要经受无数次暴风雨的洗礼；一次成功的探险，必定要克服无数的艰难险阻；一次成功的登月，更是要人们无所畏惧，甚至付出生命的代价……幸福的路上，冷遇是不可避免的，只有笑纳冷遇才会赢得轻松。

鲁迅说过，伟大的胸怀应该表现出这样的气概——用笑脸来迎接悲惨的命运，用百倍的勇气来应付一切的不幸。在冷遇面前，我们不要浪费时间去为已经无法改变的事实担忧，因为忧愁不能解决任何问题。最重要的是分析原因并找出解决的办法。况且任何事情都不是一成不变的，它会随着时间的推移而变化，明白这些，你就会随之变得乐观。

可口可乐的总裁古滋维塔是一个古巴人，40年前他随家人来到了美国。当时身上仅带了40美元和100张可口可乐的股票。而40年后，同样是这个古巴人，他领导的可口可乐公司，在他退休时扩张了7倍。

可口可乐股票值长了30倍。他在总结自己一生的经历时，说了这样一句话："一个人即使走进了绝境，只要你有坚定的信念，抱着必胜的决心，你仍然还有成功的可能！"古滋维塔的一生经历了很多坎坷，但都被他一次又一次地超越了。

冷遇，从某种意义上说也是一种挑战，是一种成熟的机会。既然是挑战，那么就应该有应战，有应战的精神，这样才会转败为胜。

在克服冷遇的旅途中，我们不仅时时会受到外界的压迫，而且还时时受到自身的挑战。我们认为自己无法抵挡困难，我们不是被对手击倒的，而是被自己打败了。事实上，我们每个人，即使是最坚毅、最具英雄气概的人，一生中的大部分时间都是在冷遇的恐惧中度过的。

一个不敢于挑战自我的人，如果经受不住考验，就不可能成功。只有激起挑战生存困境的勇气和决心，才能战胜自我。这就是心理学上的"奋起效应"。

"奋起效应"是一种积极效应。当一次大的冷遇后，受挫人不仅不气馁，反而激发起改变现况、奋力向上的意志，从而迅速成功的心理效应，就是"奋起效应"。

盖叫天是我国著名的京剧表演艺术家，在排练《武松打虎》一戏时，他为了把武松演得活灵活现，就在眼皮中间支起两根火柴棒来练习双眼圆睁。为了使两腿挺直，他就在腿弯处绑上两根削尖的竹筷子。

不知经历了多少血与汗的交融，不知承受了多少疼痛与辛苦的折磨，才终于练就出了舞台上的"活武松"。

挫折与顺利，失败与成功，相辅相成，相互转化。顺利之中往往有艰难与困苦如影随形，而成功却常常在失败的废墟上开出美丽的花朵。无数事实证明，失败和挫折是成功之母。

笑对苦难是快乐和幸福的晴雨表

叔本华说，人生就是一次痛苦的旅程，从我们降临人世的那一刻起到我们的生命的终结，无时无刻不在忍受着痛苦。看不开的人，一生都没有幸福可言。幸福的人以从容的态度看淡人生，更以微笑来对待生活中的种种遭遇。

俄国诗人普希金说过：“假如生活欺骗了你，不要悲伤，不要心急，忧郁的日子里需要镇静，相信吧，快乐的日子将会来临。”如果生命没有给予你完美与幸福，那你更要以笑容来面对。

生活是多彩的，它对每个人都是平等的，关键是看你如何把握生活，享受生命。即使在寒冷的冬天也会感到生活的温暖，漆黑的午夜也会看到希望的曙光。用微笑来面对生活，用微笑来面对每个人、每件事，你就会感受到阳光灿烂，迎接你的也必定是一路的鸟语花香。

人生在世，要经历多少风风雨雨，没有谁的人生会尽如人意，无风无浪。光阴荏苒，韶华易逝，人的一生是那么短暂，转瞬即逝，美好的回忆与失意的事情，都会成为过眼云烟。

有的人苦于人生短暂，几十年如白驹过隙，弹指一挥间，就要了却此生，悲从中来，再加上生活中有接二连三的不如意，难免失落不已，感觉生活暗淡无光。苟活于世，徒增烦恼，乃至轻言生死。这种消极的心态导致她们原本充满欢笑、快乐、幸福的人生之路变得单调、乏味。

在大文学家雨果的眼里，生活，就是自己身上有一架天平，在那上面衡量善与恶。生活，就是有正义感、有真理、有理智，就是始终不渝、诚实不欺、表里如一、心智纯正，并且对权利与义务同等重视。生活，就是知道自己的价值，自己所能做到的与自己所应该做到的。

能够如此透彻、理智地理解生活、面对生活，实属不易。现实生活中的人，弄清生活的真谛，多给自己以鼓励和宽慰，幸福的口子就会越开越大。

有位女士觉得自己的人生太悲惨、太沉重，她终于忍受不住了，跑到一座山顶上，准备跳下去一了百了。

一位守山的老人听到了她的哭诉，走过来对她说："你说你的人生太悲惨，说来听听，看看我们两个到底谁更悲惨。"

这位女士说："我从小没有母亲，父亲从不管我。我没有考上大学，读了一个中专，到现在还没有找到工作。男朋友和我分手了。现在我无依无靠，租的房子也到期了……你说我这样还不够悲惨吗?"

老人听了哈哈大笑起来："年轻女士，你的人生多么幸福啊!"

这位女士很恼怒老人在这个时候还有心情开玩笑。

老人接着说："你从小没有母亲，我连自己的父母是谁都不知道。你没有考上大学，我幼儿园都没有读。你和男朋友分手了，我的生命快要结束了，可我始终独身一人。你还有钱租房子，我只能住在山洞里……你说，我们两个到底谁更悲惨?"这位女士很惊讶地说："想不到还有比我更悲惨的人，如果我是你那样还不如死了算了。"老人又笑了："如果大家都像你这样想，人类早就死光了!"

这位女士不解地问："你的遭遇如此悲惨，为什么还那么开心呢?"

"因为还有比我更悲惨的人。因为我还活着。"老人淡然地回答道。

很多时候，人对生活的感受是可以从多方面来看待的，特别是在和不同的人比较之时，感受更是大为不同。就如那位老人说的，还有比你更悲惨的人，你还活着，所以你应该庆幸，你总不是最悲惨的那一个，何必认为已经走投无路呢?你应该笑着面对未来的生活。

任何一个人，在来到这个世界上的时候，他的容貌是无法选择的，就像我们无法选择自己出生的国度、家庭、父母一样。也许，你长得并不够漂亮和帅气，但你不应该自卑。我们不能选择容貌，但可展现笑容，依然可以让生活拥有一抹亮色。

生活对每个人都是平等的，然而不是每个人都是这样想。悲观的人认为生活是痛苦的，这是因为她只看到了生活的一面，没有积极的人生观，而乐观的人认为生活是丰富多彩的，因为他能把握生活，享受生活。

也正是因为人们能用微笑面对生活，才会有刘禹锡的“沉舟侧畔千帆过，病树前头万木春”的积极人生态度，才会有礼拜的“乘风破浪会有时，直挂云帆济沧海”的旷达情怀。

不要轻易地被“绝境”打败

人的一生中，不可能四季都是晴天，难免会有风、雨、霜。我们不能轻易放弃，任何时候都要心存希望，坦然地接受人生四季给你带来的苦与乐、喜与忧。哲人说，希望是抚慰悲伤的最好乐章。我们必须接受有限的失望，但千万不可失去无限的希望，更不要随随便便对生活绝望。

人在低谷的时候，只要你抬脚走，就会走向高处，这就是否极泰来；如果你躺下不动了，这就是坟墓。请相信，终有一条路是为你所准备的。

只要你留心，你会发现，越是在逆境中，奇迹反而更容易出现。“水果不仅需要阳光，也需要凉夜。寒冷的雨水能使其成熟。人的性格陶冶不仅需要欢乐，也需要考验和困难。”美国作家布莱克的这句话说出了困难与逆境对于一个人成长的重要作用。生活中，逆境就像刀子，握住刀柄就可以为我们服务，拿住刀刃则会割破手。

作为人生旅途中的一段灰暗路程——时运不济，人人都可能遇到，只不过有些人遭遇的时间短一些，有些人遭遇的时间长一些。可是，一辈子都没有受过挫折的人是很少的。

在追求幸福的路途中，或许有“失望”。但一定不能“绝望”，总要满怀“期望”。在绝望的境地中，只要心中向往美好，对生活怀有希望，就没有真正的绝境。只有我们对自己抱有信心，别人才会对我们萌生信心的绿芽。

具有多重社会角色的人，在生活中难免会在某个时候陷入困地，或者跌入绝境。有些人能够谷底反弹，超越眼前的障碍，看到更高处的风景。

有些人则越陷越深，垂头丧气，失去了拼搏的志气，任由自己顺其自然地发展。他们命运的差别，不是天造，而是自己造成的。那些在绝境中坚信奇迹会出现的人，总能看到更美好的未来。

面对绝境，要灵活地去发现机遇并把握机遇，世上没有绝境，只有内心绝望的人。机遇到处都有，只要你有足够灵活的头脑、足够灵活的慧眼和灵活把握机会的意识。切记，多一次逆境，就多一份成熟；多一次绝境，就多一次机遇！

水滴的力量是微不足道的，可是它目标专一，持之以恒，所以能把石头滴穿。古今中外，所有有成就的人，都是经过了这种目标专一、持之以恒，才克服了一块块“顽石”。

现实生活中，从来就没有什么真正的绝境。面对困难时，不要就此绝望、妥协，不要脑子里总想着自己不行了，而是应该发挥自己的勇气和智慧，坚强地支撑下去，那么成功肯定离你不远。

这个世界上，从来没有什么真正的“绝境”。无论黑夜多么漫长，朝阳总会冉冉升起；无论风雪怎样肆虐，春风终会缓缓吹拂。当挫折接连不断，当失败如影随形，当命运之门一扇接一扇地关闭，我们永远也不要怀疑：总有一扇窗会为你打开。机会总是存在的，只要你能灵活运用。博迪不够灵活，怎么能想到用一只眼写出一本书呢？没有足够的灵活，就会放弃生活，放弃机遇，认为命运不公，陷入“绝境”。

德国精神学专家林德曼用亲身实验证明：一个人只要对自己抱有信心，就能保持精神和肌体的健康。当时，德国举国上下都关注着独舟横渡大西洋的悲壮冒险，已经有一百多名勇士相继驾舟均遭失败，无人生还。林德曼推断，这些遇难者首先不是从肉体上败下来的，主要是死于精神崩溃、恐慌与绝望。为了验证自己的观点，他不顾亲友的反对，亲自进行了实验。1900 年 7 月，林德曼独自驾着一叶小舟驶进了波涛汹涌的大西洋，他在进行一项历史上从未有过的心理学实验，预备付出的代价是自己的生命。在航行中，林德曼博士遇到难以想像的困难，多次濒临死亡，他眼前甚至出现了幻觉，运动感觉也处于麻木状态，有时真有绝望之感。但只要这个念头一升起，他马上就大声自责：“懦夫，你想重蹈覆辙，葬身此地吗？不，我一定能成功！”终于，他胜利渡过了大西洋。

巴尔扎克说：“绝境，是天才的晋身之阶，信徒的洗礼之水，能人的无价之宝，弱者的无底之渊。”绝境是你放弃错误想法的结束，也是你选择正确做法的开始。你不在绝境中发迹，就在绝境中沦落。一个平凡人，成为一个领域的英雄或者成为一个时代的英雄，是挫折和磨难使然。英雄和平凡人的区别就在于，英雄在逆境中抓住了逆境背后的机遇，在绝境中创造了奇迹。而平凡人在逆境中选择了随波逐流，在绝境中选择了放弃。什么事情，都是成也在人，败也在人。失败者并不是天生就比成功者差，而是在逆境或者绝境中，成功者比失败者多坚持一分钟，多走一步路，多思考了一个问题。他山之石，可以攻玉。他人之事，我事之师。

人的一生中，困难和挫折是难免的，人生起起落落也无法预料，但是有一点一定要牢牢记住：永不绝望。当我们遇到逆境时，千万不要忧郁沮丧，无论发生什么事情，无论你有多么痛苦，都不要整天沉溺于其中无法自拔，不要让痛苦占据你的心灵。

生活中匪夷所思的事情总会发生在你身上，就如那些美好事物不可能是现成的，人要拥有一颗幸福、快乐的心态才是获得幸福快乐的前提。但现实生活中的很多人经受生活变故的能力很弱，遇到刺激时动不动就萌生“死了算了！死了一了百了！”的想法。殊不知这不仅对事情的解决毫无作用，只会使亲者痛、仇者快。人应当这样告诉自己：我要坚强，要满怀解决事情的希望！

现实生活中许多不期而遇的磨难，给予强者坚实的臂膀，而给予弱者的，则是无限的畏惧与退缩。逆境可以磨炼人的能力，逆境可以磨炼人的毅力，逆境可以使人坚强，逆境可以使人成长。拥有幸福心态的人，把磨难看做一笔财富，他们以洒脱的心情，看待上天给予的恩赐，把这样的财富，一笔又一笔，存储在人生的银行里，让自己的人生储蓄更为丰厚。

祸与福总是背靠背

人生中，有打击、挫折、失败，就会有帮助、成功和喜悦。这就是祸福相依，祸福转换的道理。因此，可以说，祸与福总是背靠背的。老子说，“祸兮福之所倚，福兮祸之所伏”，这是对祸与福总是背靠背的另一种解释。幸福的人理解世事的变幻无常，他们明白因祸可以得福，坏事可以变为好事。

对此，我们就应该以一颗理性的心来对待这一切。也只有平静地接纳人生中的成功与失败，我们才能真正体会生命的苦辣酸甜！

人在遇到挫折或倒霉的事情时首先要稳住自己的心，以坦然的态度来面对，期待和促使它向好的方向转变。为幸福打拼的人们要有祸与福总是背靠背的心，让内心更平静，使生活更安然。

在遭受损失或困难时，我们常常这样想，于是我们迫不及待地想采取措施，试图挽救。然而，在紧张、焦虑的情况下并没有细细思考，急于解决问题，结果往往不尽如人意。

在一座豪华的宫殿里，住着一个国王和他的七个女儿，这七位美丽的公主是国王的骄傲。她们那一头乌黑亮丽的长发远近皆知。所以国王送给她们每人一百个漂亮的发夹。

有一天早上，大公主醒来，一如往常地用发夹整理她的秀发，却发现少了一个发夹，于是她偷偷地到了二公主的房里，拿走了一个发夹。二公主发现少了一个发夹，便到三公主房里拿走一个发夹；三公主发现少了一个发夹，也偷偷地拿走四公主的一个发夹；四公主如法炮制拿走了五公主的发夹；五公主一样拿走六公主的发夹；六公主只好拿走七公主的发夹。

于是，七公主的发夹只剩下九十九个。隔天，邻国英俊的王子忽然来到皇宫，他对国王说：“昨天我养的百灵鸟叼回了一个发夹，我想这一定是属于公主们的，而这也真是一种奇妙的缘分，不晓得是哪位公主掉了发夹？”公主们听到了这件事，都在心里想说：“是我掉的，是我掉的。”可是头上明明完整的别着一百个发夹，所以都懊恼得很，却说不出。只有七公主走出来说：“我掉了一个发夹。”话才说完，一头漂亮的长发因为少了一个发夹，全部披散了下来，王子不由得看呆了。故事的结局，想当然的是王子与公主从此一起过着幸福快乐的日子。

七公主在失去一个发夹后没有像其他的公主那样去从别人那里拿，而是心甘情愿地接受这个事情，不沮丧、不懊恼，结果最终却因此而得福，获得了王子的倾心。

在现实生活中，如果缺乏力量去改变已经发生的事情，就不如平静地观望事态的发展，乱了方寸，甚至贸然行事，有可能贻误时机，更可能适得其反。人要明白，我们没有办法去掌控生活中发生的一切，但是我们有能力决定自己的想法、判断，有能力去改变自己的内心。

人在生活中，也许并没有什么波澜壮阔的事情要自己抵挡，他们通常都会面临一些看上去像“祸”的事情。

祸并不一定都是绝对的祸，如果它不幸成了祸，那么只是你一厢情愿的想法促成了灾祸的发生。当我们面对挫折的时候，一定要保持良好的心态，然后再“转祸为福”，若能做到这样，生活中的苦恼将会减少很多。

人在遇到不同的难关时，能否顺利地走过去，全凭自己。虽然朋友可以帮忙，父母和丈夫可以依靠，但多数情况下都需要自己去面对。面对各种想象不到的困难，人要坦然，不要逃避。要知道，我们的人生时时都在改变，好与坏也只是暂时的，不必太在意，所需要的就是恒久的努力。当你陷入困境时，你可能认为世界万物都在同你作对，你无法支撑下去，但是，如果坚持下去，也许你很快就能体会到“柳暗花明又一村”的愉悦。

顺境不骄矜，逆境不颓唐

大丈夫不论得不得志，皆能恬然处之。孟子说：“穷不失义，达不离道。”穷不失义，故士得已焉；达不离道，故民不失望焉。古之人，得志，泽加于民；不得志，修身观于世。穷则独善其身，达则兼善天下。”在不得志的时候也不忘记义理，在得志的时候更不违背正道。孟子还认为君子是不受外界动摇的，只要不做欠缺仁德、违反礼义的事，则纵使有什么突然降临的祸患，也能够坦然以对，不以为祸患了。

孟子本人不仅坐而言，而且早已起而行，达到那种境界了。

有一次，公孙丑问他：“倘若夫子做到齐国的卿相，得以推行王道政治，则齐国为霸诸侯、称王天下，也就不算什么稀奇事了。可是当您实际担负这项重职时，也能够做到毫不动心的境界吗？”

孟子回答：“是的，我四十岁以后不动心了。”那么，如何才能达到这个境界呢？孟子列举了两个方法，即“我知言”与“我善养吾浩然之气”。

所谓“知言”是指能够理解别人所说的话，同时也能明确地判断。《孟子》中讲，“听到不妥当的话，就知道对方是被私念所蒙蔽；听到放荡的话，就知道对方心里有邪念；听到邪僻的话，就知道对方行事有违反正道的地方；听到闪烁不定的话，就知道对方已经滞碍难行了。”换言之，拥有这种明确的判断力，就不会被那些无关痛痒的小事所愚弄，更不会因而动摇自己的心意了。

第二，“浩然之气。”公孙丑问孟子，何谓浩然之气？孟子说：“难言也。其为气也，至大至刚；以直养而无害，则塞于天地之间。其为气也，配义与道，无是馁也。是集义所生者，非义袭而取之也。行有不慊于心，则馁矣。”这段话的大意是，这种气极其广大、刚健，若能对自己所行的正道抱着相当的自信，以这种方法来培养它，就能充塞于天地之间。但它只是配合着道与义而存在的，若缺乏道与义，则浩然之气也就荡然无存了。只有在反复实行道与义时，才能够自然而然地获得。如果仅是偶一为之，就不可能获得。总之，首先要对自己所从事的合乎正道之事抱着坚定的信念，然后才能产生“浩然之气”。

在《论语》中有“孔子绝礼于陈”的故事。孔子带着弟子们周游列国时，在陈卷入政治纠纷中，连吃的东西都没有，连续几天动弹不得。最后，弟子子路忍不住大叫：“君子也会遇到这种悲惨的境遇吗?”孔子对于子路的不满视而不见，只是淡淡地回答：“人的一生都会有好与坏的境遇，最重要的是处在逆境时如何去排遣它。”

荀子根据这段故事指出：“遇不遇者时也。”任何人的一生总会有不遇的时期，无论从事什么工作，都会有和预期相反的结果。长此以往，任何人都不免产生悲观情绪。然而，人生并不仅有这种不遇的时候。当云散日出时，前途自然光明无量。所以，凡事必须耐心地等待时机的来临，不必惊慌失措。相反，在境遇顺利的时候，无论做什么事都会成功；可是总有一天，不遇的时刻会悄然来临，因此即使在春风得意之时也不要得意忘形，应该谨慎小心地活着。

我们应采取顺境不骄矜；逆境不颓唐的生活态度。

春秋时期，孔子率学生们出游。

一天，孔子观赏瀑布的景色，见那水流从二三十丈的高处飞泻而下，撞入江中，激起滚滚波涛，直冲出数十里之外，那地方，鱼虾龟鳖都无法生存。

忽然，只见一个男子跳进急流之中，孔子以为那是自寻短见的，便急忙让学生顺着河流去搭救他。不料，这人游出数百步之外，便从水中走出，在河边悠然自得地唱起歌来。

孔子赶上去问他："您能在这种地方游泳，有什么秘诀吗?"那男子回答道："我没有什么秘诀。我凭着人类的本能开始我的生活，依靠人类的适应性而成长，顺其自然成功。游泳的时候，我同漩流一起潜入水底，随同涌流而浮出水面，完全顺从水性而不凭主观意志从事。这便是我能驾驭汹涌急流的原因。"

孔子又问："什么叫做凭本能开始生活，靠适应性而成长，顺其自然而成功呢?"那男子回答："我生在陆地而安于陆地，这就是本能；长于水上而安于水，这就是适应性；不知道我为什么会这样而结果这样，这就是顺其自然。"孔子点头顿悟。

这个男子能制服汹涌奔腾的急流，遨游其中，得心应手，就因为他不以主观意志从事，而是根据自然法规，尊重客观规律，按着生活的逻辑去办事。人之处事亦应顺其自然，正所谓适应世事适应万物。

守住平常心，应该承认有些东西得不到，学会放下，放下求之而不得的东西，才会轻松快乐起来。那就拿起平平凡凡的事吧！脚踏实地认认真真地做下去。其实，在平凡的表面背后往往蕴藏着深层次的规律和道理，你会越干越高兴，越干越快乐。

守住平常心，还表现在对名誉和困难的态度。学会放下美丽的光环，才能轻松前行；学会应难而上，才能踏平坎坷上大道。顺境和逆境都是人生的财富，只有懂得适应环境、改变自我，懂得珍惜和品尝不同风景的人，才会享受到生活的快乐和美好。

我们随时有机会再赢回来

谚语说："最大的一步是在门外。"主动放下过去和不幸的背后并非一片空白，而是新的人生收获的机遇。

真正懂得放下的人是智慧与容忍的结合体，有斗士的力量，有沉静的平和，他们能承受喜悦与悲哀的突然发难。

他们行动时干练、迅捷，不为感情所左右；退避时，能审时度势，全身而退，而且能抓住最佳机会东山再起；他们没有失败，只有沉默，是面对挫折与逆境的积蓄力量的沉默。

近代著名的教育家蔡元培先生，曾经是科举之路上的一个幸运儿，一帆风顺地进京当了进士，作了翰林。按常理来说，旧式读书人平生之愿不过如此。

但是蔡元培先生却认识到，在清廷里已经无法见到阳光，不如自己摘掉顶戴花翎，打开人生的另一扇窗户。

1896 年，蔡元培先生挂冠出都，回到南方兴办教育，开始教育拓荒与革命启蒙生涯，创造了人生的又一次辉煌。1916 年，蔡元培先生从欧洲回国担任北京大学校长。由此开始直到五四运动发生，文化运动中从来没有缺少过他的身影，因而没有人能够估计出蔡元培先生对于现代史进程的影响。

当失去了一些以为可以长久依靠的东西，自然会有难过及割舍的痛苦，但其中却隐藏着无限的祝福和机会，让我们充分发挥生命的潜能，开辟一片新的天地。

如果我们是一朵生长在大松树下的小花，可能会庆幸有大松树遮风挡雨。当松树整个倒下来时，我们可能觉得所有的保护都失去了，从此就要任由狂风吹倒、大雨打倒。

可是事实上恰好相反，我们失去了大树的阻挡，阳光会有机会照耀我们，甘霖会有机会滋润我们，我们的身躯会因此更加茁壮，盛开的花瓣也将为世界所看到。

要想采一束清新的山花，就得放弃城市的舒适；

要想做一名登山健儿，就得放弃娇嫩白净的肤色；

要想穿越沙漠，就得放弃咖啡和可乐；

要想有永远的掌声，就得放弃眼前的虚荣。

梅、菊放弃安逸和舒适，才能得到笑傲霜雪的艳丽；

大地放弃绚丽斑斓的黄昏，才会迎来旭日东升的曙光；

春天放弃芳香四溢的花朵，才能走进累累硕果的金秋；

船舶放弃安全的港湾，才能在深海中收获满船鱼虾。

当生命被逼到了绝壁、死谷，一切才变得深刻。

有战争，就会有输赢，而我们很难保证自己能够打赢每一场战斗，《反败为胜》是美国汽车业巨子艾科卡所写的一本书，艾氏以54岁的壮龄，人生事业发展到巅峰时遭受到福特汽车公司老板撤职，痛失总裁宝座。往后六年里，他阅尽世间人情的冷暖，在商场竞争的现实和残酷之中，不断忍辱精进，使尽浑身解数，在成本严控、争取融资和研究新产品的开发上，数管齐下，最后终于突破万难，创造了众所炫目的奇迹。克莱斯勒的股票一夕间回涨数倍，且供不应求，艾氏本人亦扬眉吐气，成了当代活生生的传奇。

当困境走到谷底才会反弹，而胜败常常是一线之间。如果我们有机会赢时，千万别大意，因为你有可能会输得更惨；但是输的时候，也别忘了：我们同样随时也有机会再赢回来。

第七章

乐善好施的善举是拥抱幸福的快乐

不可否认，幸福就是每个人倾其一生的重要追求。那么，幸福到底是什么呢？可以说，幸福是给予、只求奉献，不计索取，给予别人的多了，朋友就了，得到他人的感恩、回报、帮助也就多了。说到底，给予是一种分享，是一种捐赠，是一种施舍，是一种慈善。给予就是我们今天所大力提倡的“乐善好施”的精神。只要你能够乐善好施，就一定能够在给予的同时感受到付出后获得的快乐与幸福。

乐于善事，获得精神的财富

我们不妨作一个这样的假设，假如有一天，当你钱赚得够多了，一辈子甚至几辈子都花不完的时候，你一定会感觉到钱并非很重要。当然，这个道理可能许多人都懂，但却很少有人能够体会到它的真正含义。但如果我们了解有钱人的生存背景以及文化渊源，我们就会有所理解。事实上，有钱人是最懂得赚钱的，同时又是最懂得花钱的。在他们看来，金钱的用处各种各样，这其中也包括慈善用途。因此，他们在想做什么好事时，可以说做就做。

有钱人的这种以善为本的情怀是许多优秀的商人所固有的。例如，中国台湾富翁王永庆在这方面也总是不遗余力，堪称典范。从某种意义上说，这也是他取得成功不可缺少的一种内在素质和品德。

1984年，王永庆和弟弟王永合捐了1亿元给社会福利事业，创下私人捐款的最高记录。

1986年，王永庆70岁时，做了几件有益于社会的大事。

当年，中国台湾地区很多患者需要捐赠器官以挽救生命，可是台湾人有全尸的传统观念，不肯把器官舍弃，一定要带着完整的身体入土。他知道了后，公开宣布，在5年内，所有在死亡后捐出器官遗爱人间的人，他将赠给10万元作为丧葬补助费，钱虽然不多，但是对提倡捐赠器官的风气却有正面的作用。

在非营利性事业方面，王永庆先后成立了明志工业、长庚纪念医院、生活素质研究中心等，都是以台塑模式来进行管理，因此成效卓著，成为同业中的佼佼者。

在回馈社会，兴办公益事业方面，长庚医院可谓是王永庆的一大手笔，深得台湾人民的赞赏。

长庚医院的设置，大大地提高了当时的医疗科技水平。

医院创院时面向社会招来寥寥几个医护人员参与开拓工作，其后每年接收实习医师，自行培养成住院医师，最后使其成为主治医师，至今其主治医师人数已达七百多人，构成了非常坚强有力的阵容。后来院方评估嘉云地区医疗资源严重不足，企业又有建厂计划，因而接受企业方面的请求，为了回报社会，王永庆决定前往设置医院，以满足当地的医疗服务需求。

王永庆谈到，依据经验，贫瘠的麦寮地区要提高医疗水准，并兼顾各方面的条件，必须设立一所具有一定规模的医学中心，除了提供当地的医疗服务外，从彰化以南到台南以北，在此一地区内的医疗机构也可以和长庚纪念医院相互配合支援，协同提升整个地区的医疗水准，充分发挥正面效果。

王永庆竭尽心力回报社会的行动，得到了大家的认同。在他的心目中，善举其实也是一种财富，只是这种财富是精神的财富，让人们的精神得到了一种快乐。同时，他的善举也带动了一大批事业有成的富商人士慷慨解囊兴办公益事业。

辩证地看，有钱人如此乐于做善事，事实上也是一种生意经。他们大量地捐资为所在地兴办公益事业，会赢得当地政府和民众的好感，对他们在当地开展各种经营是十分有利的。有些富商由于对所在国的公益事业有重大义举，获得了国王的封爵，如罗思柴尔德家族有人被英王授予勋爵爵位；有些犹太商人还获得当地政府给予优惠条件开发房地产、矿山、修建铁路等，赚钱的路子从中得到扩宽。

这是因为他们明白，企业与社会的关系，就好像鱼与水的关系。有的人经商办企业，只顾自己赚钱，挥霍享受。这种人往往由于胸怀狭小，到头来不见得能把企业做大。而一些大企业家在事业取得一定成功之后，总忘不了回馈社会，积极主动地去承担社会责任。

让善举为你加分

中国传统文化讲求“富以德行”。这四个字不仅包含着在经商时要“见利思义”，而且还要求我们在收入丰裕的情况下尽可能地忧民之所忧，乐施天下。

司马迁在《货殖列传》中记载了范蠡“三致千金”后，不忘亲朋好友与乡亲，把钱财分发给穷苦的朋友，因而善名远播，信誉日增，不久又积累了财富。“十九年中三致千金”因而获得了“富而好行其德”的好名声。所以，后人以他居住地为名尊之为“陶朱公”，这就是由于他“以德经商，富以德行”而赢得了后人的尊敬，成为了商人的楷模。

中国台湾富商蔡万霖在事业稳定之后，热心于慈善事业，赞助方面不遗余力。他认为，自己的财富与事业都是来自广大的社会，自然应该“取之于社会，用之于社会”。但为善何必要人知，他默默地行善，却从不宣扬，即使社会舆论指责他财富增值的速度远大于热心公益的程度，他也从不辩解。他对自己的期许是“成为台湾第一等的慈善家”。

蔡万霖的一生充满了传奇色彩，由一个沿街卖菜的小童，成长为如今台湾实力派的大企业家，而且其财富已跻身于排名第五的世界十大富豪行列。正因为蔡万霖经历了漫长岁月的人生挑战，才体会到贫困、穷苦，对在坎坷崎岖的生命旅程中力争上游的人来说，奋斗不懈迈向成功是不易的。因而，在他的事业逐渐稳定而大展宏图时，遂积极于从事各种赞助和慈善事业。

除蔡万霖外，早年追随乃兄的蔡万春也致力于事业的经营，蔡氏兄弟对于慈善事业及社会公益从不落人后。他们在台北市汀州街故居设立福安育幼院，收容社会上无依无靠的孤儿，将他们抚育成人，以纪念和报答父亲的辛劳。对于故乡竹南，他们也非常的予以关爱，除了在当地捐建一座“万春图书馆”外，并为母校捐建了教室，另外还创办了国泰塑公司竹南工厂，增加了当地居民就业的机会。此外，为推进教育，他们成立了十信商工职业学校，为台湾造就了不少人才。蔡万霖在担任该校董事长时，致力于提高师资，扩充设备，使之成为全台最好的职业学校之一，为此获得颁奖表扬。为了更好地服务社会，他们还成立了国泰企业社会福利基金会，专事社会救济工作。数十年如一日，他们的成就不但使他们自己感到努力没有白费，而且也间接地恩惠了社会大众。

国泰集团分家后，蔡万霖在其“取之于社会，用之于社会”的理念下，随着他的财富直线上升，更是热衷于各种社会公益活动，对推进社会福利尽心尽力。如先后成立财团法人国泰人寿慈善基金会、财团法人国泰建设文化教育基金会及设立教育助学金，捐赠创办图书馆，为家境清寒的子弟提供学习机会，捐赠救护车及清洁车，在台湾全省巡回为贫苦民众提供免费医疗服务等。此外，他还十分热心台湾的文化体育事业。

1980 年 8 月，霖园关系企业集团出资 1000 万元新台币成立国泰人寿慈善基金会，从事各项捐助或举办各种慈善公益事业。自成立以来已捐赠数亿元新台币，成效颇为显著，受到台湾岛内的普遍赞扬。

由于蔡万霖长期赞助公益，支持慈善事业，获得了一系列嘉奖或荣誉。例如，颁赠“益群奖章”以表彰其热心公益，赠“金信奖杯”嘉奖其对社会的经济贡献，为表彰他对社会的捐赠及贡献特颁奖状 2 帧表扬，为表彰他热心赞助“1981 年身心残障国民自强活动”颁发感谢状，为表彰他多次捐赠救护车、清洁车特颁感谢状等。1980 年 10 月 29 日，美国纽约圣若望大学鉴于蔡万霖白手起家，在企业经营方面有卓越的成就，以及对中国台湾地区的经济发展和促进岛内福祉有重大贡献，特由该校校长卡希尔亲自颁赠名誉商学博士学位。这对自幼家境清寒、刻苦奋斗，终于成功的蔡万霖而言，是实至名归的荣誉。

长期疏财解囊、救济贫穷、赞助文化、发展体育、支持慈善活动，蔡万霖的目的旨在鼓励社会大众，大家要重视这片生养自己的土地，人在世上离开群体根本无法独立生存，每一个人要珍惜社会上各阶层存在的意义，不仅一个人好，要人人都好，社会才有进步。其长期赞助天主教兰阳舞蹈团即为一例，因为该团经常巡回世界各地表演，真正致力于发扬中华民族传统文化，确实是很有意义的活动，所以他长期赞助该团。

据台湾报纸报道，数十年来，蔡万霖用于回馈社会的金额已达十几亿新台币。

1991 年，我国内地南方遭受百年不遇的洪灾。为华东地区赈灾时，蔡万霖曾捐赠新台币 1000 万元，以表达他对祖国灾区同胞的关爱之情。为此，1993 年大陆红十字会代表赴台访问时，特向其回赠字画一幅，以示谢意。

自 20 世纪 80 年代后期，海内外报刊连续评选他为世界巨富、华人首富和台湾首富，蔡万霖对财富的看法却是：金钱为身外之物。因此，随着他财富累积的急剧增加，其回馈社会的金额也不断增加，只是蔡万霖都是默默而为，鲜为人知罢了。

“有钱人不挡没钱人的路”、“让善举与你一路同行”，这是蔡万霖经常告诫他人的话。

有德不必望感，施恩勿念回报

俗话说，“希望越大，失望越大”——期望回报的付出，常常会失望大于满足，沮丧大于惊喜；不期望回报的付出，则会惊喜大于失落，快乐大于悲伤。既然付出是一种奉献，何必去寻找奉献后的回报，让自己的内心奢望太多呢！

当我们看到有人得到别人的帮助、保护和安慰时，我们对他的快乐抱有同感，也同样感激那个给予他快乐的人。

做好事的目的不同，结果就大不一样。人的爱心不该用来做交易，否则就失去爱心的本义了。一旦计较了这些，人们的心里就失去了原本的安宁；为了得失寻找平衡，对受惠者颐指气使就不可避免了。这样，人们只能怨恨施惠者的虚伪，也不会再有丝毫的感激之情了。

唐玄宗时，安禄山发动叛乱。后来，随着形势的不利，安禄山的心情越来越坏，他开始随意惩罚身边的人，包括他最信任的谋士严庄和贴身侍卫李猪儿。

严庄是安禄山一手提拔起来的心腹。当初，安禄山发现严庄是个人才，对他礼贤下士，很快就把他安置在重要岗位上。他曾对严庄推心置腹地说：“你是读书人，知道的道理比我多，你可以随时指出我的过失，我是决不会怪罪你的。”

严庄受了安禄山的大恩，从此也一心报效，为他出谋划策，竭尽心力。他对朋友说：“安禄山对我有知遇之恩，我就是为他搭上性命也报不完呀。大恩不可言谢，我现在只有默默地做事报答他。”

李猪儿原是一个归降的僮仆，安禄山喜欢他的聪明伶俐，破例把他留在身边服侍自己。他给李猪儿许多赏赐，又给了他许多特权，随时都让他陪伴自己。

安禄山起兵叛乱不久，他的眼睛便失明了，身上也长了毒疮，他的情绪开始烦躁不安了。直到后来叛军进展不利，战败的消息接连不断，安禄山的情绪更坏，他杀身边的人泄气，平时总是大吼大叫。严庄劝他说："胜败乃兵家常事，不应该过于认真。现在形势虽然对我军不利，但是并不是不可以挽救的。"

严庄话没说完，安禄山就指着他骂个不停，说："我对你有恩，你就是这样报答我吗？早知道你是个不中用的家伙，我就把你一刀砍了，留你有什么用呢？"

他命人鞭打严庄，打得他皮开肉绽。这样的凌辱发生过多次，严庄从心里恨他入骨，只是表面还保持恭顺。李猪儿也经常无缘无故遭到安禄山的痛骂和鞭打，安禄山还恶狠狠地对李猪儿说："我不收留你，你早死了，现在我就要了你的命也是应该的。"

严庄和李猪儿同病相怜，他们担心有一天安禄山会杀了他们，便勾结安庆绪，三人合谋，将安禄山杀死在床上。

安禄山自恃对严庄和李猪儿有恩，就无所顾忌地凌辱惩罚，而又不加丝毫防范，这是他对人缺乏了解的缘故。他施恩的用心并不真诚，严庄和李猪儿既已明白，他们当然会怨恨他了，对他不利便是很正常的了。

施恩不图报答，恩情才显得可贵。给人恩惠不论多少，重要的是，不是为了索取。一个人无私奉献之后，他的道德境界就会提升，到了一定的高度之后，他这个人便会高尚起来，面貌自然焕然一新，心态自然会平和淡然，心情自然坦然快乐。

多付出一点为你带来好人缘

无悔的付出乃是制胜之道。除了付出之外，没有其他的捷径。无论你是普通一员还是身份和地位特殊的人，多付出一点点都可能会为你带来好人缘，使你成为声誉卓著的人物。

下面的这个故事，也许会让你有所感悟，对你有所帮助：

在一个暴风雨的夜晚，有一对老夫妇走进旅馆的大厅要求订客房。

“很抱歉”，柜台里的人回答说，“我们饭店已经被参加会议的团体包下了。往常碰到这种情况，我们都会把客人介绍到另一家饭店。可是这次很不凑巧，另一家饭店也客满了。”

停了一会儿，这个店员又接着说：“在这样的晚上，我实在不敢想象你们离开这里却又投宿无门的处境。如果你们不嫌弃，可以在我的房间里住一晚，虽然那不是什么豪华套房，但是十分干净。”

听到这个情况和看到店员的这般解说，这对老夫妇显得十分不好意思，但那个店员却坚持劝说：“我今晚就待在这里做工作，反正晚班督察员今晚是不会来了，所以你们不必在意。”于是，这对夫妇谦和有礼地接受了他的好意。

第二天早上，当老先生下楼来付房费时，那位服务员依然在当班。但他婉拒道：“我的房间是免费借给你们住的，我全天候待在这里，已经赚取了额外的加班费，那个房间的费用本来就包含在内了。”

听到这，老先生感激地说：“像你这样的员工，是每个旅馆老板都梦寐以求的，也许有一天我会为你盖一座旅馆。”

年轻的服务员听后笑了笑，他明白这对老夫妇的好心，但他只当那是客套话。

又过了好几年，那个服务员依然在同样的地方上班。有一天，他收到了那位老先生的来信，信中清晰地叙述了他对那个暴风雨的夜晚的记忆。同时，老先生邀请服务员到纽约去看望他，并附上了二张来回的机票。

几天后，服务员到了曼哈顿，在坐落于第五大道和三十四街区的豪华建筑物前见到了老先生。老先生指着眼前的大楼解释说："这就是我专门为你建的饭店，我以前曾经对你说过的，你还记得吗?"

"您在开玩笑吧?"年轻的服务员不敢相信自己的耳朵，显得很慌乱并略带口吃地说："您把我搞糊涂了！为什么是我？您到底是什么身份呢?"

老先生很温和地微笑着说："我的名字叫威廉·渥道夫·爱斯特。这其中并没有什么阴谋，只是因为我认为你是经营这家饭店的最佳人选。"

这家饭店，就是后来著名的渥道夫·爱斯特莉亚饭店的前身，而这个年轻人，就是乔治·伯特，他成为了这家饭店的第一任经理。

在当下社会中，感恩图报是一般人都有的普遍心理。假如你能让别人欠你一份人情债，十有八九都会得到对方的报答。你可以无意识地这样做，也可以有意识地这样做。但不管怎样，你都不必刻意等待报答结果的到来。

当然，有时候这需要你做出额外的付出。而在更多的情况下，你可能只是送一个顺水人情，根本不需要做出自我牺牲。

不过，一定要像乔治·伯特那样有爱心才行，试想一下，如果他在老先生付房费时坦然收下了，那么先前的那一笔人情债也就不复存在了。这就是巧妙之处。

与人分享幸福，会得到更多的幸福

幸福是人人可以得到的，无论年龄、性别、职位；幸福是心灵深处的感受；幸福的人生是人与环境的和谐；幸福是人文与物质的平衡；能与人分享幸福是双倍的幸福；幸福感不仅来自获得，更来自于给予；有爱的人生才是幸福的人生；执著、勇敢、热忱、信念是通向幸福彼岸的诺亚方舟；幸福来自于对愿景的追求。

有一个字谜很有意思："一人本姓王，怀里揣着两块糖。"谜底是"金"。是啊，一个人，无论身处怎样的境遇，只要他怀里揣着两块糖，一块慷慨地赠与别人分享，一块留下自己慢慢品尝，就自会获得人生的快乐和金子般的幸福。在生活中，我们只要与别人分享幸福、分享快乐、分享亲情、分享成功、分享信息、分享甘苦……就会在分享中获得人生的真谛。

《四十二章经》中说：睹人施道，助之欢喜，得福甚大。沙门问曰：此福尽乎？佛言：譬如一炬之火，数千百人各以炬来分取，熟食除冥，此炬如故。福亦如之。其实幸福是埋藏在每个人心中的感觉，只要你愿意去开启它，愿意相信自己，那幸福就会常在。

记得有位作家曾说过："倘若你有一个苹果，我也有一个苹果，而我们彼此交换苹果，那么，你和我仍然是各有一个苹果。但是，倘若你有一种思想，我也有一种思想，而我们彼此交换这些思想，那么，我们每人将各有两种思想。"分享的幸福正在于，它可以使我们拥有更多的东西，而把自己的东西拿来与别人分享的那一刻，不但能体会到分享的乐趣，更能体验到一种满足感。因为分享幸福，你会得到双倍甚至更多的幸福，所以我们也在享受幸福。让我们静静坐下来，让幸福在我们身上停留。

有一位叫智德的禅师在院子里种了一株菊花。三年后的秋天，院子里开满了菊花，香味一直传到了山下的村子里。来禅院的信徒都不住地赞叹："好美的花儿啊！"

有一天，有人开口向智德禅师要几株种在自己家的院子里，智德禅师答应了。他亲自动手挑了开得最艳、枝叶最粗的几株，挖出根须送到别人家里。消息传开后，前来要花的人接踵而来，络绎不绝，智德禅师满足了每个人的愿望。可是这样一来，没过几天，院里的菊花就都被送出去了。弟子看到满院的凄凉，忍不住说："太可惜了！这里本来应该是满院的香味啊。"智德禅师微笑地说："这样不正好吗？因为三年以后就会是满村菊香了啊！"弟子听师傅这么一说，脸上的笑容立刻如菊花一样灿烂起来。智德禅师告诉弟子："我们应该把美好的事物与别人分享，让每个人都感受到这种幸福，即使自己一无所有了，心里也是幸福的啊。"

这个故事揭示了一个道理，什么是真正的幸福？关心爱护周围的人，多为别人着想的人，心中的幸福感觉最多，因为看到别人的幸福微笑，我们心中自然也会感到幸福快乐。

“友善”就是幸福之源

“机遇、财富，财富、机遇”，人们不停地呼喊、召唤，可它们往往又与那些呼喊者擦肩而过。或许你还有点不相信吧：热诚与友善就是幸福之源。

陈玉书在外打工的那段日子，异常郁闷，加之一周的劳累，更显得疲惫了。

一个周末，他来到维多利亚公园放松放松，见一个妇人推着一辆童车在公园荡秋千的地方停下。

孩子很想去荡秋千，于是这位母亲将童车上的孩子抱起来放在秋千的坐板上，去推秋千的摇绳，大概因体弱无力，妇人推了好几次，秋千都荡不起来。陈玉书忙帮妇人加力把孩子推了一把，顿时秋千大幅度地荡起来，孩子被荡得高高的，呵呵地笑个不停，这位母亲顿时满脸笑容，两人一面合力荡着孩子，一面闲聊。

闲聊中，陈玉书了解到这位太太是印尼华裔，其夫在印尼驻香港领事馆工作……

大概是与那位印尼华裔相遇的下一个周末，陈玉书又遇见了另一位印尼华侨。这位印尼华侨无意中向陈玉书吐露出他最近有一批准备运往印尼的货物，因领事馆的商业签证问题遇到麻烦，迟迟不能起运，时间一天天地耽误。

陈玉书看到这个人一副苦相，他内心里的“热诚”这一根深蒂固的观念又发挥威力了，脑子里突然灵光一闪，公园里认识的那位太太的丈夫不就在领事馆管这事吗？对，去找那位太太说说，看她的丈夫能否帮上忙？

于是，陈玉书从这个人手里接过文件，然后带上礼物，来到那位太太的家里。

这位太太见陈玉书上门求她帮忙，想起那天在公园荡秋千时他那副热心助人的镜头，太太没有犹豫，便将陈玉书引见给她的丈夫。太太的丈夫见陈玉书是太太引见的人，便热情地接待了陈玉书，并向陈玉书了解了那个人不能办商业签证的原因，第二天帮其补办了一些手续，很快就把商业签证办妥了。

当陈玉书将办好签证的喜讯告诉那个人的时候，那个人高兴得跳了起来，且情不自禁地问他："我给你5万块钱谢礼，够不够?"陈玉书做梦也没有想到一次小小的帮忙，能够得到这么大的回报，他激动地说道："够了！够了！"

那是20世纪70年代初期，这5万元的酬金，可抵得上陈玉书当时年薪的100倍。得到这笔重金，陈玉书人生的航向也改变了，开始涉足商海，后来成为世界享有盛名的景泰蓝大王。

很多人都将他的成功归结为"友善"二字，他自己也说，友善，也是一种正确的观念，就是幸福之源。

友善是人内心深处的一种本质，它并不需要你刻意地去为之奋斗，只要在别人有困难时，如陈玉书那样推一把；在别人受冷落时，如年轻店员那样打声招呼聊会儿天，并不是有什么所求与目的，是发自内心的友善。其实友善也是幸福之源！

分享财富是心灵上最大的幸福满足

如果你研究过有钱人的创富过程，你会发现他们许多人时常在分享财富而获得心灵上最大的幸福满足。

这些人对于他们的成功有着深深的感激，非常了解他们的责任。值得注意的是，并不是说所有的有钱人应该负责处理他们的钱，而是说所有幸福的有钱人，应该以负责的态度处理他们的钱。

有权利及有本事赚很多钱的人，也有义务关心那些收入较少的人。钢铁巨头卡耐基有句话刚好切中要点："多余的财富是上天赐予的礼物，它的拥有者有义务终其一生将它运用在社会公益事业上。"

当一个人的资产达到了一定数量时，从某种意义上说，这份资产已不仅仅属于他个人，更属于整个社会。

许多持有消极心态的人常说："金钱是万恶之源。"而一些有钱人说："贪钱是万恶之源。"这两句话虽然只有一字之差，含义却有着很大的差别。

随着社会的不断发展，人们对生活水平的要求不断提高。现实生活中，我们每个人都承认，金钱不是万能的，但没有金钱却又是万万不能的。在现代社会中，金钱是交换的手段。

金钱可用于干坏事，也可以用于干好事。说到这里不能不提到下面这些人：亨利·福特、威廉·里格莱、约翰·洛克菲勒、安德鲁·卡耐基。

这些人建立了一些基金会，直到今天，这些基金会还有总计 10 亿美元以上的基金，基金会拨出的金额专用于慈善、宗教和教育。这些基金会为上述事业捐助的金额每年超过了 2 亿美元。

这些人之所以伟大，是因为他们能同别人分享他所拥有的金钱，同时也就与社会分享了其财富。

在20世纪之初，许多曾使美国工业蓬勃发展的大人物开始陆续离开人世，他们的庞大家产将落在谁的手中，不少人都极为关心。人们自然也以极大的热情关注着小洛克菲勒。

此时，在老洛克菲勒晚年最信任的朋友和牧师的建议下，老洛克菲勒已先后分散了上亿巨款，分别捐给学校、医院、研究所等，并建立起庞大的慈善机构。

这就给小洛克菲勒提供了一个机会，他也牢牢地把握住了这一机会。

1901年，小洛克菲勒应慈善事业家罗伯特·奥格登之邀，和50名知名人士一起乘火车考察南方的黑人学校，回来后写了几封信给父亲，建议创办普通教育委员会。老洛克菲勒在接信后，就给了1000万美元，一年半以后，继续捐赠了3200万美元。在往后的10年里，捐赠额不断增加。

在洛克菲勒的慈善机构中，小洛克菲勒最关注并最有情感的是社会卫生局。

1909年，纽约市长竞选活动中一个主要的争论问题是卖淫问题，结果成立了一个大陪审团调查买卖娼妓的生意。被人们看做“好好先生”的小洛克菲勒，应邀当上了这个大陪审团的陪审长。

他接受任务后，就把全部精力都扑上去，不分白天黑夜地工作，搞出了一份详细报告。报告建议组织一个委员会来处理这个社会弊病，但纽约市长拒绝成立委员会，于是，小洛克菲勒决定自己干下去。

1911年，他建立了社会卫生局，投资50多万美元。

小洛克菲勒最大的一项义举是捐资恢复和重建了整整一个殖民期的城市——弗吉尼亚州殖民时期的首府威廉斯堡。那里的开拓者们曾经最早喊出“不自由，毋宁死”的口号。

小洛克菲勒说：“给予是健康生活的奥秘……金钱可以用来做坏事，也可以是建设社会生活的一项工具。”

财富的支配者认为，拥有无数的钱是你的资本，然而，你可以做出更加伟大的决定——与社会共享你的财富。这样，你会生活得更加愉悦和幸福。

财聚人散，财散人聚

财聚人散，人散财散；财散人聚，人聚财聚。其核心与“人旺地旺，地旺财旺”是一样道理的。你将财散了，那些跟随你的人才能够过上幸福的生活，他们知道你是可以跟随的，因而就更加愿意跟随你，你自然能够“人聚”，有人聚集在一起，还有什么事业做不成的呢？因此，财聚只是下一步的事情而已。

同理，你将财都聚集在自己的手里，跟随你的人辛辛苦苦和你一起打天下，拼命地干活，最后却没有什么好果子，这会让跟随你的人心寒，甚至会引起他们的嫉妒，这样势必会造成人心不齐，这样的队伍什么都做不成。你的钱财也不过是现有的一点，再没有办法增长，财散也只是下一步而已。

散财的人将天下财看做为自己的财，所以他们不怕财散，因为他们的财取之不尽、用之不竭。

聚财的人将自己的财看做是天下财，所以要聚，怕天下人从自己这里夺走财。所以，他就无法获得天下财。

蒙牛集团总裁牛根生曾经说过：论私，自然是养父养母影响最大，我的父亲养牛送奶38年，我是子承父业；我的母亲教育了我，她嘱咐我两句终生难忘的话，一句是“要想知道，打个颠倒”，多想想别人的疾苦难处，你就知道该如何为人处事；另一句是“吃亏是福，占便宜是祸”，宁愿亏自己不要亏大家。论公，他觉得自然是党的教育对他影响最大，没有共产党的好政策，怎么会有现在的牛根生和蒙牛集团？

在母亲的影响下，牛根生在童年时期就形成了“财聚人散，财散人聚”的观念。假如妈妈给他一两毛钱，他都要分给伙伴们花，当然大家都乐意听他指挥，一起去教训欺负过他的“浑小子”。这时候，他体会到了“人聚”的力量。自己吃亏，号令群小，领导才能逐步形成。

时年41岁的牛根生失去工作，自己投奔人才市场，无一例外因为年龄太大被企业拒绝了。牛根生思前想后，终于决定自己创业。

牛根生有着得天独厚的优势重操旧业：在市场方面，中国乳品市场方兴未艾，全国人均牛奶需求量正在上升；就资源而言，内蒙古大草原充足的奶源，是得天独厚的资源优势；从自身条件看，他从事乳业多年，有着相当丰富的生产营销经验，加之在中国乳品市场已算得上一位重量级的人物，多年来积累了相当丰富的人脉资源，这是一笔巨大的财富。

于是，牛根生联系到同时被免职的几位中层干部，讲出了自己重操旧业的优势所在，最终决定成立奶制品公司。他们把手里的伊利股票卖掉，一共凑了100多万元，在1999年初成立了内蒙古蒙牛乳业有限公司。业界某元老闻知此事，不由得拍案大笑：“100万元能干什么！”是啊，在这个市场里，区区100万元如同儿戏。出乎意料的是，牛根生其他老下属听说之后，却不约而同地纷纷投资蒙牛。

他们为什么有勇气胆敢把钱投入一个前途未卜的新公司？

事情是这样的，牛根生在伊利集团时就开始进行“人情投资”。牛根生在童年时期就领悟到的“财散人聚，财聚人散”经验，在成年以后一直不断地被复制。

因为业绩突出，伊利公司给他一笔钱，让他买一部好车，他却把钱分成5份，为5位部下每人买了一辆面包车。他曾将自己的108万元年薪分给了大伙，其他的小额分配更是难以计数。牛根生的座右铭是“小胜靠智，大胜靠德”，他是这么说，更是这么做的。正因为如此，才会有人把钱投给他。

更没想到的是，伊利手下大将，包括液体奶的老总、冰淇淋的老总，纷纷弃大就小，投牛根生而去。这样先后“哗变”的大概有三四百人。牛根生曾告诫他们：“不要弃明投暗。”但大家坚定地认为他不是“暗”而是“明”。这些忠诚的老部下演出了一幕“哀兵必胜”的悲壮剧：他们或者变卖自己的伊利股份，或者借贷，有的甚至把自己留作养老的钱也倾囊而出……“连买棺材的钱都拿出来了”，一位中层干部这样评论。

2005年1月12日，牛根生做出一项惊人的决定：作为蒙牛最大的自然人股东，牛根生将自己不到10%的股份全部捐出，创立了保障蒙牛百年发展的“老牛专项基金”。具体操作分两步走：第一步，在牛根生有生之年，其每年股份红利的51%赠予基金会，49%留作个人支配，牛根生股份话语权不变，牛根生卸任董事长后，表决权授予继任者；第二步，在牛根生天年之后，其所持股份全部捐给“老牛专项基金”，家人不能继承，妻子、一儿一女每人只可从中领取不低于北京、上海、广州三地平均工资的月生活费。

消息一出，举世叹服。

牛根生希望蒙牛成为一个恒久的品牌，而不是成为一家家族企业。对于自己的后代，牛根生告诉记者，他只想让人们谈到自己的后代时这样说：“哦，他(她)的父亲是蒙牛创始人，那时的蒙牛，应该已是一个恒久的品牌。”

古人说“将欲取之，必先予之”。这世界上挣了钱的有两种人，一种是“精明人”，一种是“聪明人”。精明人竭泽而渔，企业第一次挣了一百万，80%归自己，然后他的手下受到沉重打击，结果第二次挣回来的就只有八十万。聪明人放水养鱼，企业第一次挣了一百万，分出80%给手下人，结果，大家一努力，第二次挣回来就是一千万！即使他这次把90%分给大家，自己拿到的也足有一百万。等到第三次的时候，大家打下的江山可能就是一个亿。再往后就是10个亿……这就叫多赢。独赢使所有的人越赢越少，多赢使所有的人越赢越多，所以，“精明人”挣小钱，“聪明人”赚大钱。

如果你是一位聪明的人，那么你一定明白了怎样做才能让自己多赢、共赢就不言而预了。这就是“财聚人散，财散人聚。”的高深哲理所在。

学会布施，给予是一种幸福

给予别人帮助和方便，为别人尽力，其实也是在为自己尽力，当你在帮助他人的同时，无形中就已投资了自己的感情，别人对于你的给予会铭记在心，只要一有机会，他们就会主动去报答你、帮助你。

曾有位国王想励精图治，他觉得如果有三件事能够解决，那么国家可以富强：第一，如何预知最重要的时间；第二，如何确知最重要的人物；第三，如何辨明最紧要的任务。由此，群臣便献策说，要想合理支配时间，最好还是列表；国家最紧要的任务是培养教师或科学家；而当务之急是严明法律与弘扬科学。

国王对这些答案都不满意，于是他去问一个高僧，此时高僧正在耕地，国王就这三个问题，恳求高僧的忠告，但高僧并没有回答他。这个高僧挖土挖累了，国王就帮他的忙。天快黑时，远处忽然跑来一个受伤的人。于是国王与高僧把这个受伤的人救下来，裹好了伤，抬到高僧家里，翌日醒来时，这位伤者看了看国王说："我是你的敌人，我昨天知道你来访问高僧，我准备在你回程时截击，可是被你的卫士发现了，他们追捕我，我受了伤逃过来，却正遇到你。感谢你的救助，我不再是你的敌人了，我要做你的朋友。"

国王再去见高僧，还是恳求他解答那三个问题。高僧说："我已经回答你了。"国王说："你回答了我什么？"高僧说："你如不怜悯我的劳累，因帮我挖地而耽搁了时间，你昨天回程时，就被他杀死了。如果你不怜悯他的创伤并且为他包扎，他不会这样容易地臣服你。因为你所问的最重要的时间是'现在'，只有现在才可以更好地把握。你所说的最重要人物是你‘左右的人’，因为你立刻可以影响他，而世界上最重要的是‘爱’，没有爱，活着还有什么意思?”

只有怀着一颗真挚的爱心面对生活，你才能感受到生活中的美好与希望，同时也会得到他人的关爱与帮助。那么你还能不快乐吗？因为选择了给予就等于选择了收获、选择了快乐。因此，给予是人性中光辉的一面。

曾有一尊因年久失修而有些残损的弥勒佛像，于是寺里请来佛工为其整修。当佛工根据残损的程度揭开弥勒佛像的腹部，准备加固翻新放入的时候，在场的方丈与僧侣们无不惊愕动容——弥勒佛祖的阔腹里居然装着12个男女老少的陶俑!

见过、朝拜过弥勒佛的人们，常常会陶醉或羡慕于佛祖无与伦比的朗笑，更为弥勒佛的超级大肚子动之以容、付之以笑。有人还铭记着有关弥勒佛的楹联：“笑口常开，笑天下可笑之人。”

可是，又有几人能够联想到、领悟出弥勒佛之所以大腹便便、笑口常开的真正缘由呢?

心中装着别人，装着衣食父母、亲情悠悠的男女老少，装着需要照顾、需要超度的芸芸众生，肚子能不大吗？笑容能不爽朗吗?

一个人的人生价值和真实幸福，不能仅仅囿于个人的一管之见、一己之利，要关爱他人、帮助他人，要“先天下之忧而忧，后天下之乐而乐”。只有具有了这样的心态，人生才能抵达一种高尚而神圣的境界，才能得到无比的快乐。

有一个男子去世后，发现自己置身在一个金光闪闪的国度里，心想：“我现在一定比生前想象的情况要好得多。”接着，一道光芒接近他，引领他来到了一个十分富丽堂皇的宴会厅。

在大厅中央，有一张摆满各种佳肴美馔的长桌。他和很多不认识的人一同入席，开始准备享用自己喜爱的美食。

就在他拿起刀叉的时候，突然感觉背后有个人在靠近他，并且还在他的手臂下面绑了一块薄木板，这样一来，他根本无法将食物送入口中，因为他的手臂无法弯曲。

这时，他环顾了一圈，注意到其他围坐在桌子边的人也有同样的困扰，顿时哀号与哭喊的声音四起，无论他们再怎么努力想将食物送入自己的口中，但仍无法随心所欲地弯曲自己的手臂。

于是，他找到那个领他来这里的人，说："我不愿意待在这里，你还是让我到其他的地方去吧！"

突然间，一道光芒引领他穿过大厅的门槛，来到另一个宽敞又华丽的宴会厅。

同样地，这个宴会厅里也有一张摆满美食的大桌。这个人心想："哦！这和刚才的场景很像。"

当他坐在餐桌前面准备进餐时，也有一个人走到他的后面，在他的手臂后面绑住一块薄木板。同样的情形再度重演，他仍旧无法弯曲手臂将夹取的食物送到自己的口中。

正为此感到惋惜与伤心的时候，他环顾餐桌的四周，注意到这里与先前的情形有些不一样的地方。

这里的人索性将他们僵硬、笔直的手臂伸直，把手上的食物送入邻座人的口中。每一个人都将美食喂给旁边的人，这样每个人都能享用到佳肴，整个大厅其乐融融，笑逐颜开。

给予才能得到，付出才能收获！所以，你会因为帮助了别人而被别人放置在一个温暖的环境和位置，从而享受到给予之后的幸福和快乐。

真诚关怀他人可以敛聚无数人气

一个人如果只顾自己，只为自己打算，那么在人际交往中，就没有吸引他人的磁力和气场，就会使别人对他感到厌恶，就没有人愿意与他结交往来。反之，如若一个人要真正吸引他人，得到他人的好感、拥护和爱戴，就必须具有超人一等的品德。可以说，自私、卑鄙、嫉妒是不能赢得人心的，只会令厌恶、远离，甚至是憎恨的。

鸡和狗在一起闲聊。

“我真的不明白为什么主人这么喜欢你？”鸡心里似乎表现有些不平衡，“我对这个家也不是没有贡献。我几乎每天都会为主人下一个鸡蛋，可是你呢？你基本上什么都不干，只知道冲主人撒娇。你的那套小把戏一点实用价值都没有，可是主人就是喜欢你这样……唉，主人太没有眼光了。”

狗用力地摇摇头：“不！事情可不是你想象的那样！虽然你每天都下蛋，但是你下蛋后总是叫个不停，就会让主人觉得你想以此换取食物，所以你的付出就有功利的成分，而不是出于真诚。”

鸡听得目瞪口呆，继续问道：“那你的小把戏就是发自肺腑的吗？我看也不见得吧？”

“虽然我不能为主人做什么实际的事情，但是我总是竭尽所能逗主人开心。他回家晚了我会焦急地等待他回来；他生病的时候，我也会黯然神伤，静静地守候在他的身旁；即便是在他最贫困的时候，无法给我充足的食物，我也不曾因嫌弃而离开他。我对他的所作所为完全是没有私心的，主人又怎么会感受不到呢？他感受到了又怎么会不感动呢？那他对我好也就是自然而然的事情了!"

刚说完，主人又在亲切地呼唤狗，打算牵它出去散步。

狗能得到无数人的喜欢，这多少能给我们一点启示——真诚地关怀别人就能获得别人的喜欢。是的，狗对人们友善绝不会藏有任何附加的动机，它付出的关怀完全是因为它喜欢你，它关心你，即使你再穷，甚至有时你生气了拿它出气，它也不会因此怀恨在心而离开你。与人交往也是这个道理，你与他人的关系越亲密，你们之间的感情就越深厚。

可见，真诚地付出关怀他人是敛聚人气的有效手段。做到真诚付出你的关怀并不是很难，最基本的做法有以下几点：

首先，说话不要"拐弯抹角"。在与他人交往的过程中，即使你与对方的意见、看法不一样，也不要隐瞒和矫饰，更不要随声附和，或者"拐弯抹角"。因为，这样不仅不利于和对方顺畅地沟通，还会给人一种不诚实和生分的感觉。

纵然是在指出他人缺点和批评过失的时候，也应该真诚而明白地指出来，这样不仅不会伤害对方的感情，反而有助于增进友谊和加深关系。

其次，赞美但不要奉承。当朋友事业有成或者有喜事时，可以在适当的场合和时间给予真心诚意的祝福和赞美，并与之共同分享快乐，但是千万不要认为所有的好听话都会受到欢迎。其实，一个人真正想从朋友那里得到的是善意的忠告和警戒，而不是华而不实的恭维话。很多人就是从别人说的话中来判断是否和对方成为朋友的。

第三，安慰并给予实际的帮助。当别人遇到困难的时候，给予亲切的安慰和实际的帮助更能体现出一个人的真诚。当对方心情不好或者遇到麻烦的时候，如果你说的既不是安抚和宽慰对方的话，也不是帮助对方解决问题的建议，而是一些不着边际或者无关紧要的话，那别人肯定会觉得你是一个"事不关己，高高挂起"的冷漠者。你怎么对别人，别人也会怎么对待你。从此以后，你就不要指望别人会真诚地对你了。

第四，站在对方的角度上思考问题。不要只想着从他人那里得到关怀，应该多为他人考虑。在你说一句话、做一个决定、做一件事情的时候，需要尽量站在他人的角度上思考一下，顾及他人的感受，衡量他人的得失。只有这样，你才不会伤害到他人，他人也会因此对你心怀感激，把你当做好朋友。已故的维也纳心理学家爱佛瑞·艾德纳，在其著的《人生真义》一书中就曾说过："只有不懂得关怀别人的人，其生活才会面临真正的痛苦，甚至伤及他人。人类之所以充满失败，正是由此所造成的。"

与人交往，如果你能处处表现出关爱别人的精神，乐于助人，那么就能使自己犹如磁石一般，吸引众多的朋友。而一个只肯为自己打算的人，不但没人愿意跟着他，还会到处受人鄙弃。

第八章

难得糊涂的艺术是拥抱幸福的智慧

众所周知，郑板桥的短短一句“难得糊涂”体现了中国人几千年来总结出来的这种特殊的幸福生活哲学与智慧。难得糊涂是一种智慧，也是一种超脱的境界。人生中，很多事，不知道的比知道的好，不精明的比精明的更好。这就是人们常说的难得糊涂。其实，人生本来就是糊涂的，所有的快乐和幸福都藏在糊涂中，一旦清醒了，所有的快乐和幸福也就烟消云散了。所以，让我们少一些精明，少一些算计。其实幸福也很简单，只在我们一念之差，幸福就要求我们在生活中做到“难得糊涂”。

幸福藏在糊涂里

所谓“难得糊涂”实际上是最清楚不过了。正因为他们看得很明白、很清楚、很透彻，却又对个中缘由无法解释，倘若解释了，更生烦恼，于是便装起糊涂，或说寻求逃遁之术，只有这样，他们才会过得更自在、更幸福。

现实人生确实有许多事不能太认真，太较劲。特别涉及到人际关系，错综复杂，盘根错节。太认真，不是扯着胳臂，就是动了筋骨，越搞越复杂，越搅越乱乎。顺其自然，装一次糊涂，不丧失原则和人格；或为了大局、为了长远，哪怕暂时忍一忍，受点委屈，也是值得的。心中有数(树)，就不是荒山。有时候，事情逼到了那个份上，就玩一次智慧，表面上给他个“模糊数学”，让他丈二和尚摸不着头脑，也是“难得糊涂”。

历史上，真正达到“难得糊涂”意境的还是大有人在。如苏东坡，他本是一个博学正直的乐天派，可偏偏不为当权派所容，一辈子被贬谪再被贬谪。东坡居士有首名诗：“人皆养子望聪明，我被聪明误一生。惟愿孩儿愚且鲁，无灾无难到公卿”。但他是因为现实的太多不如意，这恐怕也只是无奈的难得糊涂！

评职、晋级时，某候选人向你面授机宜，讨你个“民意”，你明知道他不够格儿，可又不好当面扫他的兴，这时候你该怎么办？不哼不哈，或嘻嘻哈哈，划“√”时再较真，不失原则。人格，似乎也不失，当事人问到了，坦诚指出他不够格儿的地方；不问，顺其便。“难得糊涂”是既可免去不必要的人事纠纷，又能保持人格纯净的妙方。

“难得糊涂”并不是真的糊涂，而是将事情看得清清楚楚，明明白白，只是出于某种原因，不便于直截了当，这种情况下就要采取一定的糊涂战术。确实，在生活或工作中，并不是什么时候都需要明明白白的，在某些特定的场合，出于某种特别的考虑，说得含含糊糊一点儿效果反而会更好。

清朝的嘉庆皇帝，登位后对前代留下的一些遗留问题进行清理，还准备破格提拔几位曾为父王作过贡献却被奸臣排挤、打击的官员。但这破格提拔的事在清朝历代尚无先例，群臣反应不一。嘉庆拿不定主意，便问老臣纪昀。纪昀沉吟良久，说："陛下，老臣承蒙先帝器重，做官已数十年了。从政，从未有人敢以重金贿赂我；为了撰文著述，也不收厚礼，什么原因呢？这只是因为我不谋私、不贪财。但是有一样例外，若是亲友有丧，要求老臣为之点主或作墓志铭，他们所馈赠的礼金，不论多少厚薄，老臣是从不拒绝的。"

嘉庆听完纪昀一席话感到莫名其妙，进而想一想，才点头称许，于是定下破格提拔这批官员的决心。

其中是何原因，原来纪昀用模糊之法，提出自己赞成皇上应该放下包袱，大胆去做的建议。纪昀的这番话听起来言不及义，但细究起来里面大有文章。既然为官清廉，何以对亲友之丧事点主、作铭所得概不拒绝呢？为祖宗推恩无所顾忌之故也。您嘉庆皇帝破格提拔曾为先帝作过突出贡献的官员，本来也是为祖宗推恩，弘扬先帝的德化，还有什么顾忌的呢？这不正和我纪昀为别人点主、作铭不推却馈赠，好让死者的后人为死者尽孝的道理一样吗？嘉庆皇帝聪慧，哪能悟不出纪昀的话中话呢？

纪昀为何如此含含糊糊呢？出于两种考虑：其一，虽然建议破格提拔这些官员，但没明说，此意见倘若被采纳，是成是败，名义上自己都没有介入，皇帝也好，其他人也好，抓不着把柄；其二，嘉庆皇帝秉性聪明，而且有喜欢自作主张的特性。不说吧，自己的意见皇上不清楚，而且皇上会不高兴。倘若说白了，恐有教导皇帝、不自量力的忌讳，起副作用。不如用此模糊之法，让皇帝自己"悟"出道理来，既说出了自己的意见，又迎合了皇帝好自作主张的秉性。纪昀此举，真是一次一举两得的糊涂。

“难得糊涂”作为“牢骚气”，原本就是缘由“不公平”而发的。世道不公，人事不公，待遇不公，要想铲除种种不公，又不可能，正如“如果你改变不了事情，那就改变自己。”那你就只好举起这面“糊涂主义”的旗帜，为自己遮盖起心中的不平。假如能像济公那样任人说他疯，笑他癫，而他本人则毫不介意，照样酒肉穿肠过，“哪有不平哪有我”，专捡达官显贵“开涮”，专替穷人、弱者寻公道，我行我素，自得其乐。这种癫狂，半醒半醉，亦醉亦醒，也不失为一种“糊涂”。这种糊涂真正是“参”透、“悟”透后的一种自在、快乐的智慧和幸福生活的展现。

若怯若愚，守愚是一种幸福

糊涂不是无智，相反它是人们隐藏着的智慧。糊涂不是无能，相反它是一种未曾被启动的潜能。

清代文学家、书画家郑板桥，刻有一图章，上面刻的是四个篆字，“难得糊涂”。做人要学会糊涂。但难得糊涂的郑板桥，其实是个明白人。看破官场腐败和肮脏的他，辞官回乡，以写诗作画为生，潇洒人生，以怪驰名。能看破，但就是不说出来或做出来，这是一种揣着明白装糊涂的大智慧。

一个年轻犹太人在深夜带了一笔钱快步走在回家的路上。在经过一段没有路灯的小巷子时，从墙角处突然闪出一个蒙面大汉，用手枪顶住犹太人的前额，穷凶极恶地说：“把身上所有的钱都交出来。”

年轻人看着黑洞洞的枪口，装作浑身发抖的样子，战战兢兢地说：“我是有点钱，可全是上司的，麻烦你帮个小忙吧，在我帽子上打两枪，我回去也好交代。”

蒙面大汉并没有说话，但把他的帽子接了过去，“砰砰”地开了两枪。

年轻人又央求再朝他的裤脚打两枪，“这样就更逼真，主人不会不相信了。”

蒙面大汉不耐烦地拉起裤脚打了几枪。

年轻人又说：“请再朝衣襟上打几个洞吧。”

蒙面大汉骂道：“你这个胆小鬼，他妈的……”

蒙面大汉扣着扳机，但不见枪响。年轻人一看，知道子弹没了，便飞也似地跑了。

生活中，我们难免会遭遇这样或那样的危险，只要你保持镇定，控制好情绪，糊涂面对，就有可能化险为夷。这里再给大家讲一个有关张作霖装糊涂的故事。

张作霖是民国时期的大军阀，但他强烈主张抵御日本侵略，这一点深得人心。

有一次张作霖出席名流集会。席间，有几位日本浪人突然声称，久闻张大帅文武双全，请即席赏幅字画。张作霖明知这是故意刁难，但在大庭广众之中，“盛情”难却，就满口答应，吩咐笔墨侍候。他潇洒地踱到桌案前，在满幅宣纸上，大笔一挥写就了一个“虎”字，然后得意地写上落款“张作霖手黑”，钤上朱印，踌躇满志地掷笔而起。那几个日本浪人面对题字，一时像丈二和尚一样，摸不着头脑，面面相觑。

机敏的随侍秘书一眼发现了纰漏，“手墨”怎么成了“手黑”？他连忙贴近张作霖身边低语道：“大帅，您写的‘墨’字下面少了个‘土’，‘手墨’变成了‘手黑’。”张作霖一瞧，不由得一愣，怎么把“墨”字写成“黑”了。如果当众更正，岂不大丢面子？

张作霖眉梢一动，故意装糊涂地呵斥秘书道：“我还不晓得这‘墨’字下面有个‘土’？因为这是日本人索要的东西，就是不能带‘土’。这就叫做‘寸土不让’嘛！”语音刚落，满堂喝彩。那几个日本浪人这才领悟到张作霖不好惹，他们越想越没趣，只好悻悻退场了。

糊涂是一种大智，是一种能给自己一个假面，又不怕丢失自己的艺术。张作霖在自己写错字的情况下，并没有乱了阵脚，而是将错就错，巧妙地暗示大家他把“墨”写成“黑”，不是因为自己不会写，而是因为对于日本的侵略寸土不让。这样一来，本来已经出错的张作霖揣着明白装糊涂，不但避免了尴尬，反而表现出他的民族气节。

形醉而神不醉，外愚而内不愚

表面上看是糊涂，其实内心最清楚。这里的“糊涂”，并不是真糊涂，而是“假糊涂”，嘴里说的是“糊涂话”，脸上反映的是“糊涂的表情”，但做的却是“明白事”。因此，这种“糊涂”是人们智慧、自在、幸福生活的一种另类生活方式，是适应复杂社会、复杂情景的一种高级的、巧妙的活法。

糊涂与清醒，糊涂一些好呢？还是清醒好呢？一般的答案一定是后者。可糊涂学却提倡前者。例如，电视剧《九品芝麻官》中，包龙星自幼家贫，但他有志要像先祖包公一样做个明镜高悬的清官。包龙星长大，亲戚们出钱给他捐了个候补知县，是个九品芝麻官。包龙星看似懒散糊涂的外表下有其他人难以企及的智慧，每断奇案，深受百姓爱戴。这便是外表糊涂、内心清楚的生活智慧了。

当然，如果一个人内心本来很清楚，却要他在表面上装糊涂，这确实是件很困难的事，非有大智慧者不容易办到。而做到了这一点，就是所谓的“清楚之糊涂”了，这跟老子所赞赏的“大智若愚”几乎如出一辙。

三国时期的司马懿，本来是个老谋深算、绝顶聪明的人，却总喜欢装糊涂。当年他在五丈原，凭借一套大智若愚、软磨硬泡的阴鸷功夫，终于拖垮了老对手诸葛亮，居功至伟，在国内也权倾一时。正因为功高震主，少不得引来同僚的妒忌和朝廷的猜疑。这种情况下，司马懿干脆装起糊涂来，以病重为由长期在家休假，给人制造一种他行将就木的假象。但他的对头们还是不放心，派了个人以慰问病情为由刺探司马懿的虚实。司马懿干脆将计就计、顺水推舟，真的装出一副日薄西山、气息奄奄、病入膏肓的样子，接待来使，演出了一幕生动的活剧。在司马懿的策划下，来人果然被蒙骗过去了，回去就说司马懿病势沉重，将不久于人世，于是司马懿的政敌们终于放松了警惕。就在这个时候，司马懿暗中培植羽翼、广罗亲信，神不知鬼不觉地布置自己的两个儿子抓住了京师禁军大权。后来瞅准了一个时机，发动了“高平陵之变”，几乎将曹家的势力一网打尽。至此魏国军政大权尽数落在司马氏手中。

可见，一个人充分运用糊涂学的技巧，会有意想不到的收获，也不失为保全自己的手段。细数古今中外，无论是政治、军事、外交、管理，其实都用得着“清楚之糊涂”的招数。所以对聪明人来说，正确的态度应该是什么呢？那就是“该清楚时就清楚，偶尔也要装糊涂”。

在许多场合，很多人是不肯装糊涂的，并能够拍着胸膛理直气壮地叫嚷：“我眼里不揉沙子。”不肯放过每一个可以显示自己聪明的机会，张口就是应该怎样怎样，不应该怎样怎样，遇事总是喜欢先用一种绝对的标准来判断一下对与错，却总是出力不讨好，原因就是不懂得难得糊涂的道理。

在生活中，人们经常会遇到一时难于处理、难于解决的矛盾和冲突，这时不妨借助于“故意的糊涂”，有意识地拖延时间，缓和矛盾、化解冲突，以便利用最佳时机解决问题——因此，这种“糊涂”实际上就是“明者远见于未萌，智者避危于无形”，是一种少有的谨慎，可以有更多的时间去专注于某项重要的工作，是一种为以后取得胜利的策略。

适时怯愚是一种极妙的幸福良方

大凡立身处世，是最需要聪明和智慧的，但聪明与智慧有时候却依赖糊涂才得以体现。郑板桥说："聪明有大小之分，糊涂有真假之分，所谓小聪明大糊涂是真糊涂假智慧。而大聪明小糊涂乃假糊涂真智慧。所谓做人难得糊涂，适时怯愚正是是极妙的幸福良方。"

从理论上讲，一个人的智商高出普通人的正常值，这样的人就是我们生活中常说的聪明人。然而，顺着这个逻辑，我们会发现很多成功的人物并不绝顶聪明。相反，他们可能还曾是有些笨。有个统计数字显示，成功的人物中最多只有不超过 10%的人智商超群，其余 90%的智商绝对只是普通人水平。但是，他们成功了。为什么会这样呢？原来，成功的人物更重视智慧。

生活中，聪明与智慧实在是两回事。聪明是一种先天的东西，但这种先天的聪明不能让聪明人取得成功，所以我们经常看到很多被认为聪明的人往往一事无成。

而智慧就不同了，有智慧的人未必聪明，如寓言塞翁失马中的塞翁，愚公移山中的愚公，他们眼里看见的不是即时的利益，而是日后的好处，因为日后的大利，他们肯去吃眼前的苦。这样的人肯定不是聪明人，但他却是一个有智慧的人。

美国总统威尔逊小时候比较木讷，镇上很多人都喜欢和他开玩笑，或者戏弄他。一天，他的一个同学一手拿着一美元，一手拿着五美分，问小威尔逊会选择拿哪一个。

尔逊回答："我要五美分。"

“哈哈，他放着一美元不要，却要五美分。”同伴们哈哈大笑，四处传说着这个笑话。

许多人不信小威尔逊竟有这么傻，纷纷拿着钱来试。然而屡试不爽，每次小威尔逊都回答“我要五美分。”整个学校都传遍了这个笑话，每天都有人用同样的方法愚弄他，然后笑呵呵地走开。

终于，他的老师有一天忍不住了，当面询问小威尔逊：“难道你连一美元和五美分都分不清大小吗?”

“我当然知道。可是，我如果要了一美元的话，就没人愿意再来试了，我以后就连五美分也赚不到了。”

你看，威尔逊只是不愿把心思放在贪图小利的小聪明上，而是着眼于智慧。生活中，智慧和聪明就像主人和仆人的关系。主人没有仆人的协助不行，会显得非常笨拙狼狈，缺乏效率。但再聪明的仆人都还是仆人，他不可能是主人。仆人需要主人的方向，没有主人的仆人，等于失去了用处。因此，我们必须通过实践去把聪明转变成智慧，在智慧的基础上行动，从而能够事半功倍。

糊涂智慧可以成就幸福人生，能经受住时间的考验；聪明只能带来一时的成功，总有机关算尽的时候。当然，聪明不是错，更不是罪，关键是要用好自己的聪明，把聪明转化为智慧。这样，才能为自己的人生锦上添花，而不会让它成为美丽的泡沫。

会装傻，生活才幸福美满

“装疯卖傻”的本义其实是一种人生境界，是聪明人所为；是那种明了一切却不点破的拈花微笑般的智慧。在生活中不少人就用“装疯卖傻”的方法把生活中的事模糊处理得十分和谐圆满。

说装傻不是真傻，在于一个“装”字。在这个“装”字上就可以大做文章了。如果装得让人看出来你是装的了，会适得其反，这样的话倒不如不装。只有装得自然、装得自如、装得跟真的一样，才会产生预想的效果。

若愚者，即似愚也，而非愚也。所以“若愚”只是一种表象，只是一种策略，而不是真正的愚笨。在“若愚”的背后，隐含的是真正的大智慧大学问。而正是真正具有大智慧的人往往给人的印象总是显得有点愚钝，所以中国才有了“大智若愚”这个带有很深的哲理意义的成语。

“大智若愚”，不是故意装疯卖傻，不是故意装腔作势，也不故作浅显，故作玄虚，而是待人处事的一种方式，一种态度，即心平气和，遇乱不惧，受宠不惊，受辱不躁，含而不露，隐而不显，自自然然，平平淡淡，实实在在，普普遍遍，从从容容，看透而不说透，知根而不亮底，凡事心里都一清二楚，都明镜儿似的，而表面上显得不知不懂不明不晰。

“聪明难，糊涂更难”，聪明是一种艺术，然而聪明过头反而会招致不必要的损失，所谓“聪明反被聪明误”即是此理。而装傻却不仅是一种艺术了，它更是一种真正的人生大智慧。

“汉初三杰”之一萧何算是一个很精通儒家勤政、谦抑谨慎的穷门的人了，侍奉大杀功臣的刘邦多年而得以善终。

萧何在刘邦论功行赏时，被列为第一，许多将军都不服气。

当了宰相，一人之下，万人之上。不少人都登门向他道贺，惟有一个叫召平的人提醒萧何：你的灾祸可能会从此发生。现在皇上离开京城，率兵打仗去了，增封你为宰相，掌握护卫兵，一方面是为了讨好你；另一方面也是为了警戒你。如果你现在辞退增封，献出自家的财产作军费，皇上一定会很高兴，也会减少心中的疑虑。

萧何觉得是这个理儿，于是把自己的子弟送到军中随刘邦作战：又把自家的资财捐输前方，做军费，高祖果然很高兴。

黥布叛变的时候，高祖也是带兵亲自去讨伐。留在后方的萧何则勤勤恳恳，全力抚慰百姓，巩固民心。有人见他这样投入，非常担心，就劝他说："相国小心一家人遭杀身之祸啊！自从你入关十多年来，收揽民心，人们打心眼里敬重你，陛下知道你是众望所归，所以常常派人打听你的动向，惟恐你忘恩负义背叛他。你如果想保全家人的性命就要破坏形象，把声望压下来，才能让陛下安心。"

萧何仔细一想真是这么回事，便大肆没收百姓土地，扰民、乱民。百姓怨声载道，萧何的威信当然也下降了。萧何还故意在小事情上斤斤计较，贪图小利，使刘邦看到他胸无大志而放心。

历史上能做到萧何这等难得糊涂的能有几人。世事无常，过犹不及。你封侯拜相也好，做了君王当了皇帝也好，也不敢保证会永远辉煌，永远平安。无常的世事可能随时惊醒你的美梦。早上你为王为侯为相，难保不到晚上就被打入大牢或早已身首异处了呢！

当身处高位，位极辉煌之时，要说无一点骄傲之心，也许并不可能，但骄奢之心愈盛，则危险愈大，因为这样常会遭人嫉恨，因此难免被心怀叵测的主人所陷害，暗箭难防啊！

装傻是一种境界，并不是谁都能达到的。除非具备了相当旷达的品性，你才能达到那种境界。

装傻不等于真傻。有很多外表看上去聪明得很，做事也很精明的人实际上是真傻，因为他已把自己的优劣长短暴露得一览无余。装傻的人实际上很多是极聪明的。尽管他们也许比那些公认的聪明者不知要高明多少倍，但他们深知不必要的锋芒毕露有害无益，因此也就深藏起自己，装起傻来。所谓“大智若愚，大巧若拙”就是这个意思。

不妨用糊涂来成就自己的健康

生活中，糊涂是一种达观，一种洒脱，一份人生的成熟，一份人情的练达。懂得了这一点，我们才能挺起刚劲的脊梁，披着温柔的阳光，达到健康的彼岸。

在日常生活中，我们对一些非原则性的不中听的话或看不惯的事，可以装作没听见、没看见或是随听、随看、随忘，做到“三缄其口”。这种“小事糊涂”的做法，不仅是处世的一种态度，亦是健康长寿的秘诀之一。如果一个人遇事总是过分计较，一味地追究到底，硬要讨个“说法”，那么烦恼和忧愁便会先于“说法”而来，反而不利于身心健康。

有这么一个故事：某单位有两个职工不到年龄就提前办了内退，一个是管理人员，大小是个干部，在单位是有名的“不占便宜就是吃了亏的人”；另一个是普通职工，干了一辈子工人也没有占过什么便宜，退休后更没有什么轰轰烈烈的事迹。退休一年后，那个中层干部因为老觉得自己这次提前办了内退吃了亏，整日郁闷，结果还没拿到“退休证”就忧郁成疾，很快死了。另一个职工上班时是车间生产工序上普普通通的工人，出大力挣小钱没占过什么便宜，内退后也只是靠卖点小菜赚点小钱贴补生活，却心态平和，一直过得和和美美。

这个故事使人想起了一句话——糊涂长寿。现代科学研究表明，经常处于烦恼和忧愁状态中，不仅会加速人的衰老，而且高血压、精神病、心脏病等疾病也会不期而至。而心态“糊涂”既可使矛盾冰消雪融，又可使紧张的气氛变得轻松、活泼，从而保持心理上的平衡，避免许多疾病的发生。当你处于困境时，“糊涂”一点能使你保持心胸坦然、精神愉快，减少对“大脑保卫系统”的不必要刺激，还可消除生理和心理上的痛苦和疲惫。

著名相声艺术家马季就是“糊涂长寿”的倡导者和受益者。

马季在继承民族曲艺的同时，也吸收传统医学精髓，并作为他的保健良方，潇洒地生活着。马季在“文化大革命”的时候不知挨过多少批，受过多少训，马季对此总是“糊涂”以待，丝毫也不申辩。用他的话说：“我要是小心眼儿，这世界上早就没有马季了！”当年中央电视台春节联欢晚会上，马季忙于传帮带，推出年轻相声演员，可有人劝他：“为何不露露脸，大家都快把你忘了。”他满不在乎地说：“我已经完成了自己的历史使命，为何老让大家惦记着。要那名干什么？谁不知你身上有几两肉？”

“糊涂”使他有清醒的头脑，轻松的精神状态。

有一阵，马季好久没有“出场”了。一次，在公共汽车上，两个小伙子谈论：“我听说马季出事，被抓了！”

“不会吧，昨天电视台还在播他的相声呢？”

“嗨！那是早录好的！”

巧的是，马季当时也正好坐在车上了。可他又“糊涂”起来，把头往衣领里一缩，不吭不哈，到站就下车了。

显然，马季的“糊涂”正是养生的最高境界，也是他自己的保健良方。

在现实生活中，许多人往往不能控制自己的情绪，想“糊涂”却难“糊涂”，遇到不顺心的事，要么“借酒消愁”，要么“以牙还牙”，更有甚者，因想不开而轻生厌世，这都是错误的做法。

那么，怎样才能在该“糊涂”的时候做到“糊涂”呢？

首先，要学会理智处事，沉不住气时反复提醒自己要以理智的心态来控制自己的感情。

其次，要学会苦中求乐，善于在生活中寻找乐趣，多参加一些自己感兴趣的活动，把生活安排得丰富多彩，让自己活得有滋有味。

第三，要学会广交朋友，遇到挫折、失败之事，不妨找知心朋友谈谈心。

第四，要学会巧妙地应付各种复杂多变的环境，以保持心理平衡，维护身心健康。能够随遇而安的人眼光远大、胸怀宽阔，把世间的一切变化都看得很平常、很坦然。这样的人心理必然平衡，平时笑口常开，自然健康长寿，生活愉快幸福。

糊涂的人因“傻”得福

古语云：大智若愚，大巧若拙。这句话的大概意思是拥有大智慧的人往往都表现得很愚钝，身手很灵敏的人往往都表现得很笨拙。其实，这是一种幸福的境界。人生中适当的“傻”是一种美德，也是一种幸福的智慧。

有一道题问：如果漂流到一个荒岛，只能带三样东西，你会带什么？许多人回答：一棵柠檬树，一只鸭子，一个傻瓜。为什么不带聪明人而带傻瓜？因为聪明人会砍掉柠檬树，吃掉鸭子，甚至最后害了主人。只有傻瓜，才能执著地拼命努力，最后能种瓜得瓜。生活中，人们需要这种傻瓜精神。傻瓜精神是一种幸福的处世方法，有傻瓜精神的地方往往会发生奇迹。

一般说来，生活中精明人有精明的算计，傻瓜自然也有傻瓜的办法。傻瓜对许多事是不过心的，缺乏精明人的一些算计和设想。不过，算计和设想虽是好事情，可好事情的另一面常常就是陷阱，会造成人的过失。而傻瓜缺乏那样的算计，也就避免了那样的算计，也就避免了那样的过失，也就无陷阱可言。傻瓜不会过分注意身边的潜在危险和可能要失去的东西，所以他们往往对事物并不主动出击，这样既不会使危险扩大，又能最终成就一些事业。

在电影《阿甘正传》中，主人公阿甘在人们的眼中像个白痴，但是他却干出了伟大的事业。阿甘出生在美国南部阿拉巴马州的绿茵堡镇，由于父亲早逝，他的母亲独自将他抚养长大。

阿甘不是一个聪明的孩子，小的时候受尽欺侮，他的母亲为了鼓励他，常常这样说："人生就像一盒巧克力，你永远也不知道接下来的一颗会是什么味道。"他牢牢地记着这句话。在社会中，阿甘是弱者，他几乎没有能力掌控自己的生活。于是，他选择命运为他做出安排。

阿甘的智商只有75，但凭借跑步的天赋，他顺利地完成大学学业并参了军。在军营里，他结识了"捕虾迷"布巴和神经兮兮的丹·泰勒中尉。随后他们一起开赴越南战场。战斗中，阿甘的小分队遭到了伏击，他冲进枪林弹雨里搭救战友，丹中尉命令他乖乖地待在原地等待援军，他说："不，布巴是我的朋友，我必须找到他！"虽然没能最终挽救布巴的生命，但至少，布巴走时并不孤单。

战后，阿甘决定去买一艘捕虾船，因为他曾答应布巴要做他的捕虾船的大副。当他把这个想法告诉丹中尉时，丹中尉笑话他："如果你去捕虾，那我就是太空人了！"可阿甘说，承诺就是承诺。终于有一天，阿甘成了船长，丹中尉当了他的大副。

阿甘和女孩珍妮青梅竹马，可珍妮有自己的梦想，不愿平淡地度过一生。于是，珍妮让阿甘离自己远远的，不要再来找她，可阿甘依旧会在越南每天给珍妮写信，依旧会跳进大水池里和珍妮拥抱。珍妮说："阿甘，你不懂爱情是什么。"阿甘说："不，虽然我不聪明，但我知道什么是爱。"珍妮一次又一次地离开，但阿甘从未放弃过她。最终有情人终成眷属。

阿甘的成功，从某种意义上说，拜赐于他的傻和拥有宽广的胸怀。阿甘总是那么快乐、那么勇敢，我们以为他不知道自己和别人不同，没想到，原来他一直都承受着因歧视而带来的痛苦，从而不希望他的孩子同自己一样，原来他不是不知道，只是装糊涂，不去与他人理论计较而已。

傻瓜的天性里含有一种自然的幸福，是精明人很难做到的事情和很难感受到的状态。傻瓜由于自身的特点，目光往往是不够尖锐的，这样他也就没有那么多的挑剔。一个不挑剔生活和挑剔别人的人，肯定是幸福的，而生活中的糊涂智慧就是这样。

曾有一篇妙文，其中有句话恰好道出了其中奥妙："天下最傻的人，是把别人当傻子的人!"

适时以糊涂的旗帜保护自己

真正有智慧的人，一般都采取“守拙”，越是聪明的人，表现得越是愚笨，以便在别人的轻视和疏忽中找到自我发展的空间。

在日常生活中过于聪明的人，时常是别人猜忌和妒忌的对象。因为任何有所图谋的人，都不希望从事情刚开始筹划时便被识破。真正充满智慧的人，为了保全自己的一切，必定懂得如何掩饰自己的过人之处，而不轻易引起别人的不满和恶意攻击。

据古人传说，在舜未登上天子位的时候，他的异母弟弟像，为图占家业几次要谋害他。昏庸的父亲和后母也总是偏心、纵容象。有一次，父亲和后母找舜，说谷仓顶坏了，要他爬上去修理。舜刚爬到仓顶，父母、弟弟就收了梯子，放了一把火想要烧死他。幸亏他撑起大斗笠，乘着一阵大风往下一跳才得以脱险，从而保全了自己的性命。

有一次，父亲和后母要“命运多舛”的舜去淘井。那井很深，刚把舜吊到井底，上面的人就收了绳子，推下去几大堆泥土，以为这一回舜死定了。象很高兴。没想到，当他来到舜的卧室时，却看见舜正坐在床上弹琴。这是怎么回事？原来那井底还有另一个出口，舜是从那里逃脱的。这一下，象惊呆了，他悔恨、羞惭不已，上前向哥哥道歉。舜呢，显得若无其事的样子，微微一笑，说：“我并不计较。”

有一次，万章与孟子谈论到这个故事中的舜。万章认为，舜或者是糊涂，或者是伪善，二者必居其一；孟子则不同意这种看法。万章说：“怎么不对？两件事里，都表现出舜并不知象要害他，这岂不是糊涂？”孟子说：“怎么会不知道！只不过舜对弟弟仁慈罢了。”万章说：“依您之见，舜是心里忧心忡忡，表现得却像没那么回事，这岂不是强颜为欢，是十足的伪善吗？”孟子直摇头：“不，这怎么叫伪善？既然象已承认自己错了，有悔改之意，舜又怎能不高兴？这不叫伪善，叫宽宏大度啊！”

从表面上看，似乎舜很傻，糊里糊涂。而实际上这是一种精明人的糊涂啊！

中国人素来是很精明的，越是精明的人越知道聪明人处世难，容易招致妒忌、非议，甚至为聪明而丧生。曹操因为妒忌杨修的才能而杀了他；隋炀帝因为妒忌薛道衡的诗才也把他杀了，还吟着薛道衡的诗句“庭草无人随意绿”，洋洋自得地说：“你还能写出这样的好诗吗？”所以，从老子开始，中国人就深悟了“大智若愚”的道的方法，以保护自己，而那种把聪明全然暴露无遗的举动实际上才真正是愚蠢的行为。

悠游生活就要眯着眼装糊涂

“糊涂”也是一门学问，糊涂不是脑子不好使，而是一种处世之道，有个成语叫做视而不见，就是对“糊涂”最好的诠释。

对有些事情，你好像已经看见了，好像又没有看见。例如，对于上司的某些丑陋行径，你比谁都清楚，但你就是装作不知道，不在意，故意让自己蒙在鼓里。倘若你说自己知道了，那你就是聪明过头了。

法国有位聪明而又热心的农学家，偶尔有一次在德国吃了一回土豆，就很想在自己的国家上推广种植这种作物，但他越是热心的宣传，却越得不到回报，没有人相信他的话。医生甚至认为土豆有害于人的健康，有的农学家断言种植土豆会使土地变得贫瘠，宗教界称土豆是“鬼苹果”。聪明的人是不会轻易放弃的，这位一心推广土豆种植的农学家，终于想出一个新点子。在国王的许可下，他在一块出了名的低产田里栽培了一些土豆，并安排了一支身穿仪仗队服装的国王卫兵看守，并声称不允许任何人接近它、挖掘它。但这些士兵只在白天看守，晚上全部撤走。人们受到禁果的引诱，许多人晚上来挖土豆，并把它栽到自己的菜园里。就这样，没过多久土豆便在法国推广开了。

不难看出，这个推广方法的成功，正是得益于智慧和心理的巧妙结合。如果直接向人们推说土豆好，人们是不会接受的；如果由国王种植，又有卫兵看守，暗示的情境意义即：这是贵重物品。由此诱发了人们占有的欲望，再加上栽种后亲自品尝与体验，确信有益无害，就会完全接受了这种作物。这里交际情境的魅力，就在于利用了人们的好奇心理，睁一眼，闭一眼，创造了一个让人们接触土豆的契机，所以产生了可喜的效应。

生活中同样处处充满了这样的学问。我们每个人都有自己不为人知的短处和毛病，平时都会极力隐藏。但在人与人的交往中，如果我们抱着窥视别人的目的，睁大眼睛，就像两眼球是显微镜似的观察、计较别人的缺点和不足，那么我们永远都不会对对方满意。甚至你可能会觉得，这个世界上没有一个人能令你满意。因为我们会嫌弃、厌恶别人，所以也就处理不好与同学、同事、朋友、亲人、爱人的关系了。心态不正确，我们就会失去朋友，甚至失去亲人和爱人。如果我们闭上一只眼睛，以一份宽容的心看待别人的缺点和不足，给别人一份宽容，给别人一点理解，给自己一份轻松，生活也就因此而变得可爱多了。

有时，糊涂需要给别人看，清醒需要留给自己。在生活中，糊涂不是马虎，但糊涂是一门学问，它包含着深奥的道理，它是清醒的最高境界，需要倾注大量的文化情愫进行长年累月的修炼之后才能自然流露。

湖涂的人生，是一种宽容、大度、不斤斤计较的生活胸襟；湖涂是一种洒脱、自在、悠闲、快乐、幸福的生活方式。幸福的人懂得把快乐藏在糊涂中，因为他们明白，一旦清醒了，所有的快乐和幸福也就烟消云散了。所以，让我们少一些精明，少一些算计。幸福其实很简单，只在我们的一念之间，适时“糊涂”就是一种最有效的办法。

第九章

包容豁达的安逸是拥抱幸福的胸怀

人生在世，矛盾与磨擦随处可遇见。然而，包容是一种宽广豁达的胸襟和气度，也具有一种强大的力量。它能化坚冰于雨水，它能使大事化小，小事化了，甚至还可以化敌为友，更可以在纷争中静养身心，感受生活的美好与快乐……以一颗包容的心去释怀所有的不如意和不愉快，不再辛苦经营那份烦恼和秘密，你就会感觉生活原来如此的轻松自在。敞开心怀汇纳千万，心如止水力挽狂澜，实现幸福的人生就要像大海一样海纳百川。

包容淡定是对幸福最好的投资

包容是一种修养，一种境界，一种美德，更是一种非凡的气度。拥有一颗包容之心，才是幸福人生最可贵的地方。然而,很少有人能够懂得包容对于幸福的重要性，更难以真正做到包容。要知道，包容是需要用时间和行动来实现的，那是一种幸福的博爱。

包容对于一个人来说是尤为重要的。在长期的家庭生活中，它是吸引对方持续爱情的最终力量，它不是伟大的成就，而是一个人性格的明亮。这种明亮是一个人最吸引人的个性特征，而这种性格特征的底蕴在于一个人怀有的孩童般的包容。

当然，包容也不是没有界线的。因为，包容不是妥协，尽管包容有时需要妥协；包容不是忍让，尽管包容有时需要忍让；包容不是迁就，尽管包容有时需要迁就。

包容更多的是爱，在相爱中，爱人应该是我们的一部分。在这个前提下，甚至于婚姻的错误有时也会成为一种营养，它的意义不是教会我们如何谴责，而是教会我们如何避免。即便无法避免爱情的悲剧，最终到了各奔东西的时候，包容的人也不会忘了说声：“夜深天凉，快去多穿一件衣服。”因为一个犯了错误的人，也许正在他的内心谴责着自己，而且在这句话中，你不但在给自己机会，同时也在给别人机会。

从前，有一个侏儒，他是一个落魄的商人，娶了一个身材比他高许多的妻子。

自古以来，落魄的侏儒总是常人看不起和嘲讽的对象，直至今天这样的事也是屡见不鲜的。当他从外面受了气后回来，就会经常打骂自己的老婆发泄，妻子一直默默地忍而不发。有时，侏儒要打老婆够不着，就站在椅子上，命令妻子上前接受“家法”的惩处，妻子还是默默地近前忍受。侏儒有时打得累了，歇过劲来，竟然又接着打，可怜的妻子还是在忍受中缄默无语。

邻人看不过去了，私下里对这个可怜的妻子说：“你那么大的个子和力气，打他一顿给他点颜色看看，让他以后不敢再这样了”。

可侏儒的妻子却异常宽容地说：“不错，我是可以那样做，但他在外面一直受气，总是让人看不起，如果我也同外人对他一样睚眦必报，那他还有活下去的斗志吗?”

当你懂得包容，也就学会了善待自己，从而使自己保持一颗善心，增加点浪漫的情调，培养点超常的品位，开拓一下自己的眼界，提高一下自己的生活质量。你会发觉，自己计较得少了，生气少了，而开心快乐多了，一切也都更顺心如意了。

章含之的《跨过厚厚的大红门》中有这样一段话：“有一次，别人看到乔冠华从一瓶子里倒出各种颜色的药片一下往口里倒很奇怪，问他吃的是什么药。乔冠华对着章含之说：‘不知道，含之装的。她给我吃毒药，我也吞!’”这是一种爱的表达。

乔冠华是何等人物，他对爱的理解是如此之深。其实每一个深深爱着的人，都会心甘情愿地献出自己的一切，去悉心地照料、庇护他所爱的人。然而人不包容他们，他们又有何幸福可言呢?

包容，能体现出一个人良好的修养，高雅的风度。包容是仁慈的表现，超凡脱俗的象征，任何的荣誉、财富、高贵都比不上包容。包容是一篇优美的乐章，可以让你心情愉悦。做个包容的人，你就选择了幸福，你将成为朋友眼中最快乐、最具风度、最幸福的人。

包容是一剂用理解和原谅熬成的汤药

学会包容，也是一种智慧，因为你能容他人所不能容，所以你也必将拥有了别人不能拥有的幸福。禅者说："量大则福大。"就是在说因为你有一颗包容的心。所以，能获得最大的福缘。

包容问题的过程也是"互补"的过程。别人有了过失，若能予以正视，并以适当的方法给予批评和帮助，便可避免大错。自己有了过失，也不必灰心丧气，一蹶不振，同样也应该吸取教训，引以为戒，取人之长，补己之短，重新扬起工作和生活的风帆。

包容残缺是一种美，当你选择包容问题时，你就给了这个世界无比的荣耀。而你将得到这世界最美的祝福。

包容是一剂良药，医治人心灵深处不可名状的跳动，滋生永恒的人性之美。我们不仅要包容朋友、家人，还要包容我们的敌人、对手。在非原则性的问题上，以大局为重，你会体会到幸福的喜悦；化干戈为玉帛的喜悦；人与人之间相互理解的喜悦。要知道你并非踯躅单行，在这个世上，虽然人们各自走着自己的生命之路，但是纷纷攘攘中难免有碰撞。如果冤冤相报，非但抚平不了心中的创伤，而且只能将伤害捆绑在无休止的争吵上。

拥有了宽阔的胸襟和气度，即使是面对敌人也不吝赞美之辞，并且在行为上予以宽大。当报复的机会来临时，这种胸襟最见精彩。它并不规避可施报复的情况，而是善加运用，化潜在的报复行动为出人意料的慷慨举措。治人之道，奥妙就在于此，政治的超凡境界也由此产生出来。这种胸襟从来不会炫耀它的胜利，也从来不装腔作势；成功即便是凭本事而得来的，它也懂得怎样不露痕迹。

有这样一则故事：一位妇人同邻居发生纠纷，邻居为了报复她，趁夜偷偷地在她家的门前放了一个骨灰盒。第二天清晨，当妇人打开房门的时候，她深深地震惊了。她并不是感到气愤，而是感到仇恨的可怕。是啊，多么可怕的仇恨，它竟然衍生出如此恶毒的诅咒！竟然想置人于死地而后快！妇人在深思之后，决定用宽恕去化解仇恨。

于是，她拿着家里种的一盆漂亮的花，也是趁夜放在了邻居家的门口。又一个清晨到来了，邻居刚打开房门，一缕清香扑面而来，妇人正站在自家门前向她善意地微笑着，邻居也笑了。

一场纠纷就这样烟消云散了，她们和好如初。

包容敌手，除了不让他人的过错来折磨自己外，还处处显示着你的淳朴、你的坚实、你的大度、你的风采。那么，在这块土地上，你将永远是胜利者。只有包容才能愈合不愉快的创伤，只有包容才能消除一些人为的紧张。学会包容，意味着你不会再心存芥蒂，从而拥有一分流畅、一分潇洒。

在生活中我们难免与人发生摩擦和矛盾，其实这些并不可怕，可怕的是我们常常不愿去化解它，而是让摩擦和矛盾越积越深，甚至不惜彼此伤害，使事情发展到不可收拾的地步，用包容的心去体谅他人，真诚地把微笑写在脸上，其实也是善待我们自己。当我们以平实真挚、清灵空洁的心去宽待对方时，对方当然不会没有感觉，这样心与心之间才能架起沟通的桥梁，这样我们也会获得快乐，获得幸福。

可见，做一个大度的人是多么的重要，当我们潜心求学的同时，不妨也来修身养性，培养自己的宽大、豁达心怀，对于别人的缺点尽量包容些。

包容别人你不会有什么损失，反而还会得到别人的尊敬、信任、佩服，这又何乐而不为呢?

一个人能否以包容对待周围的一切，是一种素质和修养的体现。大多数人都希望得到别人的包容和谅解，可是自己却做不到这一点，因为大多数人总是把别人的缺点和错误放在心头，从而产生烦恼和怨恨。包容就是一种心灵美，当你能以一颗包容的心去包容万物时，那么相信你就是幸福的化身。

用包容超度苦，苦就会化成甘

不可否认，是人就都会有说错话的时候，就会有做错事的时候，如果大家都不包容对方的失误和错误时，那么随时、到处都是争吵、争夺，甚至是战争。如此，这个世界就会一团糟。

可见，包容在我们的生活中无处不在，无处不需。正因为有了包容，这个世界才能和谐、和平。因此，让我们多一点理解，少一点猜疑；多一点理智，少一点偏执；多一点安慰，少一点埋怨。请相信，用包容的胸襟看待他人，就是用包容的胸襟接纳我们自己，多一点对他人的大度，我们的生命中就多了一点空间，我们就会多一份快乐，拥有更和谐的氛围、更长久的幸福！

生活中，每一个人都应该学会以平和包容的心去面对生活，因为用包容超度苦，苦就会化成甘。包容是人的一种生存智慧，是看透了社会人生以后所获得的从容，自信、超然和大度。

我们来到这个世界上有两大使命：一是丰富世界；二是完善世界。用包容这个武器，可以化解这世界上的一切矛盾。不懂得包容的人需要先从自身找原因。

在社会生活中，尤其在面对亲情、友情、爱情时，人难免会遇到意见相左、矛盾激化的事情，若没有冒犯到自己的原则，你不妨包容对待、不计得失、以心换心。亲人之间，包容大度会让人倍觉温馨祥和，温情脉脉；朋友之间，包容大度能弥合双方的矛盾，沉淀心底的珍惜；爱人之间，包容大度能消除不和谐的画面，让爱变得甜蜜、长久。人想要生活在天堂、或是地狱，全在自己，若你具备包容的心就会永远在天堂，享受如沐春风的人间温情。

电视剧《京华烟云》中的姚木兰就是用一颗包容之心，改变了生活，收获了幸福。

木兰本来有一位情投意合的意中人，但阴差阳错，她不得不离开心爱的人，代妹出嫁，嫁给了她不爱，也不爱她的曾荪亚。在木兰的心里，既然入了洞房，成了夫妻也算是缘分，就要好好珍惜，在婚姻里培养感情。但荪亚是一个极具叛逆性格的人，他不喜欢被人管教，也不接受这桩婚姻，他爱上了小鸟依人般的曹丽华。木兰得知之后，没有大吵大闹，反而找到曹丽华，和她谈话，以自己的包容大度使曹丽华心生愧疚；为了搭救落难的曹丽华，木兰甚至忍辱向京城恶少深鞠一躬，要知道，她救得可是自己丈夫的情人！不仅如此，她还和丈夫一起把身子孱弱的曹丽华接回家里照料，这无异于引狼入室，聪明的木兰岂能不知？但她更知道，自己的丈夫现在就像一个任性的、被人宠坏的孩子，自己不这么做，只会使他更快地离开自己。

木兰在等待，等待丈夫明白作为男人应负的责任，木兰是在以一个女人极大的善良和忍耐力在包容自己的丈夫和自己的情敌。她心里不苦吗？苦！在一个风雨交加的夜晚，荪亚担心曹丽华害怕，偷偷地跑去陪她，他走之后，装睡的木兰痛哭失声。即便如此，在曾家人准备趁荪亚出国留学不在家，强迫曹丽华嫁人时，是木兰及时帮助她逃了出去。木兰的所作所为，不仅是在挽回丈夫的心、挽救自己的婚姻，而且是她包容善良的人格促使她去帮助一切需要帮助的人。

木兰的努力没有白费，生活的种种磨难终于使荪亚成熟了，他真正认识到了“这么多年，躺在我身边的，才是最值得我珍爱的宝贝。”

包容大度是人的一种绝佳幸福，蕴含着温暖的凝聚力，显示了非凡的气量，散发出仁爱的光芒。人生万象，无不充满了对立、矛盾，如何寻求两者间的协调，达至和谐呢？这就需要我们扩大自己的胸襟和容人之道，不要以狭隘的眼光去看待人和事，无理取闹，过分苛责，而是用宽大、通达的心和眼光来细细打量，真实地感知生活，享受生命的美好。

包容大度是人涵盖万物、宏观处世的幸福，是良好修养、高雅风度的体现，是人仁慈善良、超凡脱俗的生动演绎，如此面对生活和人生，你才能活得更加轻松、更加洒脱，才能拥有更多的幸福。

幸福的关键在于计较的少

生活中遇事斤斤计较，无疑会增添许多的烦恼，要想过得幸福快乐，大度、宽容显得尤其重要。如果一个人气量狭小，遇事斤斤计较，那么在生活中就会徒增许多烦恼，甚至为人处事就会处处碰壁。当遇到不公事、伤害时，假如你能以谅解、包容的心去对待别人，那么你也将会得到别人的理解与包容，从而和谐关系、愉悦心情，就能感受到生活的美满幸福。

心胸豁达的人会对别人更宽容，而心胸狭窄的人则会为一点小事斤斤计较，这样不但别人会讨厌，自己的心情与情绪也会受到影响。我们当然不会希望自己的人际关系糟糕到别人都排挤和疏远自己，那么就需要我们尽量让自己的心胸宽阔起来，对于一些小事不要太计较。

生活中总是有一些人心胸不够开阔，一点点小事就足以让他们心烦意乱。当别人无意中惹到他们时，他们总是抱着毫不让步、斤斤计较的心态，摆出一副寸土必争的姿态去面对生活中一些鸡毛蒜皮的小事。他们做人的原则就是一点小事也得计较，但实际上往往是这种人最容易受伤，也是最怕受伤的。

公交车上总是会有那么多人，从来就没有空的时候，这日莎燕下班回家，在公司门前的那个车站等车。左等右等，终于来了一辆。

但是，令谁也不愿意看到的是，公交车里乘客实在是太多了，人挤人，黑压压的。莎燕努力地向上挤，终于挤上了车。但挤车时一不小心，踩了旁边的胖大嫂一脚。胖大嫂的大嗓门叫开了："踩什么踩，你瞎了眼了？"莎燕本还想道歉来着，但一听这话面子上挂不住了，"就踩你了，怎么着？"

于是，两个女人的好戏开演了。双方互相谩骂，恶语相加。随着火力的升级，两人竟然动起了手，胖大嫂先给了莎燕一下，莎燕也立即以牙还牙，两手都上去了，在胖大嫂脸上乱抓一通。还是边上的好心人把两人拉了开。

莎燕的指甲长，抓破了胖大嫂的脸，而她却没怎么受伤。想到这里，莎燕不禁得意起来。

终于回到了家，一进家门莎燕便向老公倒起了苦水。不过她倒认为自己没吃亏，反倒把那恶妇抓破了脸，所以讲到这里一脸的灿烂，这时老公看了她一下，惊奇地问道，你右耳朵上的那个金耳坠呢？莎燕一摸耳朵，耳坠早已不见了……

我们经常以为斤斤计较就是让自己不受伤害，事实上，这是一种小肚鸡肠的表现。总以为别人占自己一分便宜，自己就要想尽办法占三分回来，否则自己就是吃了大亏，但是事实真的就像我们想象的那么简单吗？

一个肚量狭小的人，会有谁敢靠近你？反之，以实际行动理解和包容对方，不仅可以使那些对你不敬的人心生惭愧，同时还可以告诉别人你的胸怀和气度是别人无法企及的，那么你的气场和人脉都将得到很大的提升。这就是吃小亏，赚大便宜的上上策。如此一来，你还要做那种斤斤计较的事情吗？

宽容是一种能力，是一种停止彼此伤害和彼此受伤继续扩大的能力。宽容不只是慈悲，也是休养。在生活中，宽容可以产生奇迹，宽容可以挽回感情上的损失，宽容是远离烦恼、获得幸福快乐的必然智慧。宽容又犹如一个火把，能照亮有焦躁、怨恨和复仇心理铺就的黑暗道路。

学会找到原谅别人的理由

宽以待人，正是以宽广的胸怀、气度，创造和谐、幸福的环境。大度豁达可使他人敬重和倾慕你的人品，并使你具有强大的人格魅力。特别是在竞争激烈的今天，宽以待人会使人人都喜欢与你交往，所以宽以待人是入世的一个重要原则。

谁都想自己在为人处世方面能够做得圆融，有一个相对轻松和谐的环境与他人友好地相处，那么宽以待人是不可缺的。我国古来就有“君子宽以待人”的处世方法。

所谓能宽以待人，就是指对他人的要求不可过分，不强求于人，而是以宽容为怀。

太阳还未升起前，庙前山门外凝满露珠的春草里，跪着一个人：“师傅，请原谅我。”

他是城中最风流的浪子，十年前，却是庙里的小和尚，极得方丈宠爱。方丈将其毕生所学全数传授，希望他能成为出色的佛门弟子。但他却在一夜间动了凡心，偷下山门，五光十色的都市迷乱了他的双眼。从此花街柳巷，他只管放浪形骸。

夜夜都是春，却夜夜不是春。十年后的一个深夜，他陡然惊醒，窗外月色如水，澄明清澈地洒在他的掌心。他忽然深深忏悔，披衣而起，快马加鞭赶往寺里。

“师傅，你肯宽恕我，再收我做弟子吗？”

方丈痛恨他的辜负，也深深厌恶他的放荡，只是摇头：“不，你罪孽深重，必堕阿鼻地狱。要想佛祖饶恕，除非……”方丈信手一指供桌，

“连桌子也会开花。”

浪子失望地离开。第二天早上，当方丈踏进佛堂的时候，惊呆了：一夜之间，供桌上开满鲜艳的花朵，红的、白的，每一朵都芳香逼人。

方丈在瞬间大彻大悟。他连忙下山寻找浪子，却已经来不及了，心灰意冷的浪子又恢复了他原来的荒唐生活。而供桌上开出的那些花朵，也只开放了短短的一天。

现实中，没有人能做到万无一失，中国有句古话叫做“浪子回头金不换”。既然别人给了你一个显示大度能容的机会，你就要去伸手接纳他。佛陀不会嫌弃一个犯了错而知悔改的人。假如我们总是拿着别人的缺点去评三论四，而不从自己身上找缺点，那么，我们便不是一个理智、聪明的人。因为，聪明人往往是那种严于律己、宽以待人的人。宽以待人是一个道德水平较高的表现。

古谚说：“有容，德乃大。”你希望别人理解自己，就要肯宽容别人，要将心比心，多给人一些关怀、尊重和理解；对别人的缺点要善意指出，不能幸灾乐祸；对别人的危难应尽力相助，不应袖手旁观，落井下石。即使是自己人生得意马蹄疾时，也不能得意忘形，居功自傲，而是应多想想他人对自己的帮助和恩惠，让三分功给别人。人总是喜欢和宽容厚道的人交朋友的，正所谓“宽则得众”。

“圣人之宽厚，使人有所恃。圣人之精明，不使人无所容。”也就是说，用无原则宽容恶人去换取自己的宽厚名声，或列举别人琐碎小事换取自己精明的名声，都是有失偏颇。圣人的宽容程度是不使小人有所依靠，也不使小人容身。这也是我们所应把握的度。对恶人无原则的宽容无异于助纣为虐，是对善良人们的残忍，孔夫子说：“唯仁者能好人，能恶人。”朱熹也讲：“血气之怒不可有，义理之怒不可无。”我们在懂得宽以待人的同时，也应懂得嫉恶如仇，捍卫正义。只有做到当宽则宽，当严则严。抑恶扬善，才是真正的宽以待人。

忘记仇恨，才能更加平和快乐

出于自身的健康与幸福，学习宽恕敌人，甚至忘了所有的仇恨，也可以算是一种明智之举。有句名言说：“无论被虐待也好，被抢掠也好，只要忘掉就行了。”

在我们对自己的对手心怀仇恨时，就等于给了他们制胜的力量，给了他们机会来控制我们的睡眠、胃口、血压、健康，直至我们的心情。

憎恨伤不了对方一根毫毛，却把自己的日子弄得像生活在地狱中一般。莎士比亚说过：“仇恨的烈焰会烧伤自己。”报复别人如何会转移到伤及自己呢？《生活》杂志曾载文讲报复会毁了人的健康。文章说道：“高血压患者最主要的个性特征是容易仇恨，长期的愤恨造成慢性心脏疾病，导致高血压的形成。”

在生活中，我们可能会遭到别人的误会，甚至伤害，而如果对此一直耿耿于怀，就会对我们的心理乃至生理健康带来伤害。反之，忘记和宽恕那些事、那些人，则对我们的健康大有益处。

俗话说：“勺子总会碰锅沿，脚板总要擦地皮。”在交往过程中，人和人之间难免会有一些摩擦，但是请记住“在这小小的天地里，我们大家生活在一起”这个道理。既然如此，还有什么大不了的事总是耿耿于怀呢？要知道，没有度量的人，是干不出什么事业，成不了什么气候的。

面对他人的伤害，有的人选择了逃避，有的人选择了怨恨，有的人则极端地选择了反击报复。然而，最明智的选择却是宽恕。

第二次世界大战期间，一支部队在森林中与敌军相遇，经过一场激战，有两名来自同一个小镇的战士与部队失去了联系。他们俩相互鼓励、相互宽慰，在森林里艰难跋涉。

十多天过去了，仍然没有与部队联系上，他们靠身上仅有的一点鹿肉维持生存，他们巧妙地避开了敌人。然而，这时走在前面的安德森却出乎意料地中了枪。子弹打在安德森的肩膀上，他的同伴跑过去，抱着安德森泪流满面，嘴里一直念叨着自己母亲的名字。

后来，他们都被部队救了出来。此后30年，安德森假装不知道此事，也从不提及。安德森后来在回忆起这件事时说："战争太残酷了，我知道向我开枪的就是我的战友，知道他是想独吞背在我身上的鹿肉，知道他想为了他的母亲而活下来。直到我陪他去祭奠他的母亲的那天，他跪下来求我原谅，我没有让他说下去，而且从心里真正宽恕了他，我们又做了几十年的好朋友。"

在字典里，"宽恕"的意思是理解和同情那个受自己支配且无权要求宽大的人。安德森在得知自己的战友对自己开了黑枪之后，完全可以将他置于死地，但安德森竟然从战争对人性的扭曲、人求生存、求团圆的天性上宽恕了他的战友，依然与曾经想杀害自己的人做了一生一世的朋友。

宽恕是放下，宽恕是一种力量。亲人之间的误会、矛盾，就如同挡在我们面前的一根立柱，只要轻轻地绕过去，继续前行就可以了。当回过头来看时，这些矛盾和误会其实很渺小，不值得一提。并且，亲人之间的误会和矛盾在得到互相宽恕之后，立刻会转化为一股强大的力量，让亲情更牢固，彼此从中获取的利益比以往任何时候都更多。

与其恨我们的对手，何不让我们同情他们，并感谢苍天没有让我们跟他们有同样的生活。与其诅咒、报复、打击对手，何不给他们以谅解、同情、帮助、宽容和祝福。

要培养内心的平安与快乐，就请记住：永远不要尝试去报复我们的对手，那样对自己的伤害将大大超过给予他人的。绝对不要把时间浪费在仇恨上，哪怕是一秒钟。

宽恕是一种非凡的气度，一种宽广的胸怀，更是一种高贵的品质，一种崇高的境界。宽恕错误绝不是纵容对方犯错，更不是对对方的错误视而不见，听而不闻，不管不问，而是需要用一颗平常心去对待，对其正确引导，给予其改过的勇气与机会。

盛怒之下的制怒良方

怒气是一种具有破坏性的情绪，也是一种最无力的情绪，生气的人只是为了发泄自己。实际上，怒气往往丝毫无助于解决问题，甚至还会恶化事态的结果和严重影响自己的情绪和心情。

在法国西南的小城塔布里，有一名脾气非常暴躁的警察叫阿兰·马尔蒂。一天晚上，他穿着便装来到市中心的一家烟草店门前，正准备到店里买烟。这时店门外一个叫埃里克的流浪汉叫住了他，并向他讨烟抽。马尔蒂说他正要去买，以这个理由拒绝了埃里克。他以为埃里克会就此离开，但埃里克没有，反而认为马尔蒂买了烟后会给他一支，因此一直守在店门口。

当马尔蒂出来时，喝了不少酒的流浪汉埃里克便缠着他要烟抽。马尔蒂不给，因为他讨厌这个流浪汉，于是两人发生了口角。随着互相谩骂和嘲讽的升级，两人情绪逐渐激动。

马尔蒂掏出了警官证和手铐，说：“如果你不放老实点儿，我就给你一些颜色看。”

埃里克反唇相讥：“你这个混蛋警察，看你能把我怎么样?”

在言语的刺激下，二人扭打成一团。旁边的人赶紧将两人分开，劝他们不要为一支香烟而发那么大火。

被劝开后的流浪汉骂骂咧咧地向附近一条小路走去，他边走边喊：“臭警察，有本事你来抓我呀!”失去理智、愤怒不已的马尔蒂拔出枪，冲过去，朝埃里克连开四枪，埃里克倒在了血泊中……

法庭以“故意杀人罪”对马尔蒂做出判决，他将服刑30年。

一个人死了，一个人坐了牢，起因是一支香烟，这样的代价是沉重而痛苦的，而导致这么严重后果的罪魁祸首正是失控的激动情绪和不懂得包容忍让造成的。

这就是盛怒行为的代价，虽然这样的事并不多见，但是愤怒的情绪的确影响着人的行为，既伤害他人也伤害了自己。所以，在日常生活中，我们应该极力反思自己，尽量使自己的情绪平稳化、淡定，这样才能拥有更多的自在和快乐。

李涛脾气很差，每次遇到不如意的事，他总是会暴跳如雷。因为这个原因，李涛和周围人关系越来越僵，误会也就时常发生了，从而导致同事都不愿意和李涛交往。

李涛的父母曾也多次批评过他，单位领导也找他谈过话，可李涛总认为自己的人际关系紧张的原因都是因为他人的言谈行为不对而引起的。后来，他从书、电视和报纸上看到“发怒伤身”的信息后，于是下决心从自身做起改正自己的缺点。

为了避免由于他人原因而引起自己发脾气，提高自己的修养，李涛利用休息期间一个人跑到山里，在人烟稀少的深山租了一间茅屋，自己种菜，读书，烧火做饭，天天在那儿磨脾气，修身养性。

一天，李涛拿着一个刚从小溪边打满水的陶罐往回走，谁知刚走几步，脚下就被一个小石子绊了一下，他身子一歪斜，一罐水洒得只剩下罐底了。于是李涛只好又返回溪边将水装满。但这次走到半路，一个不小心，又把罐里的水洒了一地。在他第三次提回水的路上，相同的事情再次发生，李涛的脾气上来，一下子将陶罐摔在山道上。“砰”地一声响震醒了正在发怒的李涛。他望着满地的碎陶罐片，自言自语地说：“我以前总以为发脾气都是由别人引起来的，可现在就只有我自己一个人，我还是发了这么大的脾气，可见这怒气是从自己心中生出来的。”

不知什么时候，来到李涛身后的一位道人开导他说：“先生，你能这样想就对了，为了不值得的小事而大发雷霆，既伤害别人更会伤害到自己。就像这打碎的陶罐一样，永远也无法恢复成原来的样子，即使是再高的粘接手艺，其外表也会留下疤痕。你想想，一个人在发脾气时说的那些气话也会在别人心灵上留下疤痕，不管你说多少次对不起，那疤痕都将永远存在”。

“谢谢老人家的指教!”李涛深有所悟，向道人深深地鞠了一躬。

一个人愤怒的时候是心理防线最脆弱的时候。此时，一点儿风吹草动就能让他失去判断的能力而全线崩溃。因此，如果你想做出一番事业，首先就要学会制怒，遇事先冷静地思考，千万不要冲动，以免产生不好的后果。

愤怒在被激起后，要想抑制并不是太容易。因为在抑制过程中，能量会消耗殆尽，心理也会严重受挫。要解决这个问题，最好的办法就是不被激怒，时刻保持一颗淡定、从容、宽容的心。

友情同样需要包容的阳光

宽容意味理解和通融，是融合人际关系的催化剂，是友谊之桥的紧固剂。宽容还能将敌意化解为友谊。

天空收容每一片云彩，不论其美丑，所以天空广阔无边；高山收容每一块岩石，不论其大小，所以高山雄伟无比；大海收容每一朵浪花，不论其清浊，所以大海浩瀚无边。

在现实生活中，难免会发生这样的事：亲密无间的朋友，无意或有意做了伤害你的事，你是包容他，还是从此分手，或待机报复？有句话叫“以牙还牙”，分手或报复似乎更符合人的本能心理。但这样做了，怨会越结越深，仇会越积越多，真是冤冤相报何时了。如果你在切肤之痛后，采取别人难以想象的态度，包容对方，表现出的宽广胸襟，你的形象瞬时就会高大起来，你的宽宏大量、光明磊落使你的精神达到了一个新的境界，你的人格也折射出高尚的光彩。

戴尔·卡耐基在电台上介绍《小妇人》的作者时心不在焉地说错了地理位置。其中一位女听众就写信骂他，把他骂得体无完肤。他当时真想回信告诉她：“我把区域位置说错了，但从来没有见过像你这么粗鲁无礼的女人。”但他控制住了自己，没有回击她，他决定将敌意化解为友谊。他自问：“如果我是她的话，会像她一样愤怒吗？”他尽量站在这位女听众的立场上来思索这件事情。他主动打了个电话给她，再三向她承认错误并表达歉意。这位太太终于谅解了他并对他充满了的敬佩，希望能与他进一步深交。

英国诗人济慈说："人们应该彼此容忍，每个人都有缺点，在他最薄弱的方面，每个人都能被切割捣碎。"每个人都有弱点与缺陷，都可能犯下这样或那样的错误。作为肇事者要竭力避免伤害他人，但作为当事人要以博大胸怀宽容对方，避免消极情绪的产生，并让彼此回到和谐的状态中来。

唐朝的李靖，曾任隋炀帝时的郡丞，最早发现李渊心存谋反之意，于是向隋炀帝检举揭发。李渊灭隋后要杀李靖，李世民反对报复，再三请求保他一命。后来李靖驰骋疆场，征战不疲，安邦定国，为李家王朝立下赫赫战功。魏徵曾鼓动太子建成杀掉李世民，李世民同样不计旧怨，量才重用，使魏徵觉得"喜逢知己之主，竭尽力用"，也为唐王朝立下了丰功。不念旧恶，是赢得人心的一种很好的艺术。

只要我们宽厚待人，将会得到对方的感激，而在日后的生活中获益。

美国第三任总统杰斐逊与第二任总统亚当斯从恶交到宽恕就是一个生动的例子。

杰斐逊在就任前夕，想去白宫告诉亚当斯，他希望针锋相对的竞选活动并没有破坏他们之间的友谊。但据说杰斐逊还来不及开口，亚当斯便咆哮起来："是你把我赶走的！是你把我赶走的！"从此两人没有交往达数年之久，直到后来杰斐逊的几个邻居去探访亚当斯，这个坚强的老人仍在诉说那件难堪的事，但接着冲口说出："我一直很敬重杰斐逊，我对他的印象非常好，现在也是如此。"邻居把这话传给了杰斐逊，杰斐逊便请了一个彼此皆熟悉的朋友传话，让亚当斯也知道他一直记得彼此的友情。后来，亚当斯写了一封信给他，两人从此开始了美国历史上最伟大的书信交往。

这个例子告诉我们，宽容是一种多么可贵的精神，多么高尚的人格。

包容不是懦弱，而是一种自我控制的能力，一种审时度势的智慧，一剂保全自己的良方，一种主动收缩的调整，一种以退为进的策略，一种经历挫折的持重，忍耐让人生不断蜕变。面对种种的不如意，多一些包容，才会收获多一些幸福。

忍耐嘲讽，举世瞩目

在狂风暴雨中，飞禽会感到哀伤忧虑惶惶不安；晴空万里的日子，草木茂盛欣欣向荣。由此可见，天地之间不可以一天没有祥和之气，而人的心中则不可以一天没有喜悦的神思。这就要求我们做到“忍”。

受辱之时，要忍，这样便能消除烦恼，大事化小，小事化了，而且又能感动对方，出现一些意想不到的好效果。人心都是肉长的，人心也都是可以烘热的，你的不气，你的忍让，不仅免除了愤争，很可能会换来对方的义举，使事情得到更圆满的解决。

天底下有能耐的好人本来就不多，应该想着同心协力为社会多做贡献。不能因为各自的思想方法不同，性格上的差异，甚至微不足道的小过节而互相诋毁，互相仇视，互相看不起。古人说：“二虎相争，必有一伤。”这样做下去，其实谁都好不了。

宋朝的王安石和司马光十分有缘，两人在公元1019与1021年相继出生，仿佛有约在先，年轻时，都曾在同一机构担任完全一样的职务。两人互相倾慕，司马光仰慕王安石绝世的文才，王安石尊重司马光谦虚的人品，在同僚们中间，他们俩的友谊简直成了某种典范。

做官好像就是与人的本性相违背，王安石和司马光的官愈做愈大，心胸却慢慢地变得狭窄起来。相互唱和、互相赞美的两位老朋友竟反目成仇。倒不是因为解不开的深仇大恨，人们简直不相信，他们是因为互不相让而结怨。两位智者名人，成了两只好斗的公鸡，雄赳赳地傲视对方。

有一回，洛阳国色天香的牡丹花开，包拯邀集全体僚属饮酒赏花。席中包拯敬酒，官员们个个善饮，自然毫不推让，只有王安石和司马光酒量极差，待酒杯举到司马光面前时，司马光眉头一皱，仰着脖子把酒喝了，轮到王安石，王执意不喝，全场哗然，酒兴顿扫。司马光大有上当受骗，被人小看的感觉，于是喋喋不休地骂起王安石来。一个满脑子知识智慧的人，一旦动怒，开了骂戒，比一个泼妇更可怕。王安石以牙还牙，祖宗八代地痛骂司马光。

自此两人结怨更深，王安石得了一个“拗相公”的称号，而司马光也没给人留下好印象，他忠厚宽容的形象大打折扣，以至于苏轼都骂他，给他取了个绰号叫“司马牛”。

到了晚年，王安石和司马光对他们早年的行动都有所后悔，大概是人到老年，与世无争，心境平和，世事洞明，可以消除一切拗性与牛脾气。

王安石曾对侄子说，以前交的许多朋友，都得罪了，其实司马光这个人是个忠厚长者。司马光也称赞王安石，夸他文章好，品德高，功劳大于过错，仿佛是又有一种约定似的，两人在同一年的五个月之内相继归天，天国是美丽的，“拗相公”和“司马牛”尽可以在那里和和气气地做朋友，吟诗唱和了，什么政治斗争、利益冲突、性格相违，已经变得毫无意义了。

朋友之间相处，需要用“忍”来化解彼此之间的矛盾。人和人都是不同的，对于性格、见解、习惯等方面的相异，要以忍为重，若“疾风暴雨、迅雷闪电”会影响朋友之间的关系，甚至导致友谊破裂，反目成仇；而若忍于面对彼此的不同，进而欣赏对方的优点，则对方也会对你加以赞美。这样一来，你们的“祥”和“瑞”也就更多了。

我们生活的现实社会日新月异、变化无穷，我们面临的竞争也越来越激烈，但我们切不可忘记也不要忽视“忍”。人生之所以多烦恼，皆因遇事不肯忍一步，其实，这是很愚蠢的做法。

以柔克刚，用柔弱成就自己

做人处世不能太“方”，不能太“硬气”，否则就会在社会上撞个头破血流。比如，在社会上遇到敌手，你便没必要和他们硬碰硬，不妨先退一步，这样也许会有不战而胜的效果！

一个人在现实中，因为这样或那样的原因，总会有这样或那样的不友善的人；一个人在生活中，也会事出有因或莫名其妙地遇上各种各样没有善意的事情。这时，人便容易动怒、较真、较劲，大都会拼个你死我活，鱼死网破。

由此可以说，人都有一种天生的对抗情结。遇到敌对或敌意的事情便容易以死相争。如果针对生命攸关的事情，原则性事情，倒还情有可原，说得过去。若为那些非原则性问题，寻常小事而大动干戈，殊死相争，则毫无意义了。许多人却偏偏难以悟得这种道理，常常为一些陈芝麻烂谷子的小事情而打得头破血流，甚至命归黄泉。我们其实也可以用其他的方法来解决这些事情，也许还显得更省事一些。比如在关乎无所谓的利害关系的时候，不妨放弃对抗，“向对手投降”，就是消除这些敌灾的一种明智的方式。

《射雕英雄传》中的“老顽童”，就用这种不战自败的方式，把他的对手打得七窍生烟。

“老顽童”是金庸所著《射雕英雄传》中的一个人物，此人武艺精绝，技压群雄，武林中没有几个人是他的对手。但是他立身为人却很豁达，笑傲江湖，游戏江湖，不以胜败论英雄。他常常以“逃跑”的绝招，把对手气得发抖。遇到高手，不上几个回合，他便跳出拳脚之外，搓一搓身上的油泥，团成一个小泥球，远远地抛给对方，然后扮个鬼脸，说声：不跟你玩了。便逃之夭夭，把对手孤单单丢在那里气得发僵。有时遇上很臭的对手，他也全不认真，有一下没一下地和对手过招，真真假假一会儿，又抽身自退，一走了之。对手常常被他这种单方面的投降，气得浑身冒火，但又找不到出气的地方。尤其是那些涉世不深，不知道天高地厚，心高气傲者，更是无名之火不打一处出，几乎要疯狂。可是对手早不在了，“老顽童”早忘了这些，不知道他又到别的什么地方潇洒人生去了。

“老顽童”的“投降”绝招真是高超无比。其实这种“投降”，并不是一般人理解的那种丧失骨气的丢脸行为，而是替换了一种竞技尺度，通过价值准则的提升，把那种简单而意气用事的英雄对抗，上升到了一种更微妙和更复杂的境地。

在基督教文化中，也有这种不以恶抗恶的“境界”主张。《新约全书·马太福音》第六章上耶稣说：有人打你的右脸，连左脸也转过来由他打。有人要拿你的里衣，连外衣也由他拿去。不要与恶人作对，要爱你们的仇敌。耶稣说这些看似简单、矛盾、不能做到的话，但这些话后面却蕴藏着十分精深的哲理思辨和境界主张。因为恶不能抗恶，以恶抗恶只会恶性循环，了无终止。世界必须由善来终止恶，人类才有最终的光明和希望。

从另一个角度说，人一生的时间太有限了，多则一两万天，少则百把千来天。而一个人要做的正经事却太多了，没有时间和心情陪着他人，更没有时间和心情陪着敌人。和敌人争着去做那种恼人和扫兴的事情，实在没有道理。没准连命也赔上了，那就更加晦气了。

因此而言，在人生的竞技场上，也应学会有所为有所不为，像“老顽童”那样，向对手“投降”，让他们去做“英雄”，我们不做“英雄”。

向对手投降这种单方面放弃对抗的行为也不容易做到，一方面你要超越你自己狭小的胸襟，另一方面你也必须具备单方面放弃对抗的能力和资格。只有势均力敌者，甚至比敌人强大者，才能这样潇洒而富有胸襟。弱小则没有“投降”的可能。这样看来，向对手投降，更多不是弱小和怯懦者所做的事情，向对手投降，更多的只是强者与对手斗争的另一种选择。

在整个现代文化中，单方面撤离战场是众多实力人物和集团普遍采用的斗争方式和策略。消解敌人或敌意，注重自我发展和自有主张，胜过打击敌人或消灭敌人。尝试一下比敌人高一个层次的斗争方略吧！

第十章

家庭和谐的氛围是拥抱幸福的基石

可以说，家是每个人避风栖息的港湾，是我们心灵的驿站，是人生幸福的源泉。对于一个不和谐的家庭来说，不仅会严重影响大家的心情，而更重要的是这种糟糕的情绪必将会延伸到工作和社会交往中，甚至会延伸贯穿于生活中的方方面面，由此势必会给家庭成员的日常生活造成严重的负面影响。相反，一个和谐和睦的家庭，会使人心情愉悦、性格开朗、团结奋进，心往一处想，劲往一处使，处理起事情来头脑更清醒、更智慧，家庭的凝聚力和办事效率就会更高，从而更容易获得快乐、幸福和成功。

和睦的家庭沁满芳香

家里有人犯了过错，不应该大发脾气，也不应该轻易地放弃不管。如果这件事不好直接说，可以借其他的事来提醒暗示，使他知错改正，如果没办法立刻使他悔悟，可以过一段时间再耐心劝告。这就像温暖的春风化解大地的冻土，暖和的气候使冰消融一样，是处理家庭琐事的典范。

在一个人的人生旅程中，家是温馨的，是美丽的港湾，是令人羡慕的。一个人的事业再怎么成功，在外面的关系再好，如果家庭不和睦，也谈不上圆满。要使家庭和睦的氛围永远荡漾着暖人的春意，就必须要用心去创造。至于如何创造，就是值得人们思考的重要所在了。

首先要明确一点，是人就难免会有犯错误的时候，“人非圣贤，孰能无过”，就算是圣人也会有犯错的时候，何况是普通人呢？所以，要能够正视和允许家人产生一些错误，能够体谅家人并及时劝阻和耐心地说服教育家人。

其次，家庭矛盾的产生往往是由于一方的偏袒，自私、狭隘的心理和行动，如果受到伤害的一方能够宽厚大度，不计怨仇，仍能用爱心更多地想着对方，不去与其争斗，必能有着良好的启悟和感动的效果。

孔子的弟子闵子骞不计怨恨，感化继母的故事便是生动的典范。

闵子骞是孔子的学生，是七十二贤人之一。他从小失去母亲，父亲给他娶了继母。继母只疼爱自己生的两个儿子，对子骞很不好。但懂事的小子骞却从来没有在父亲面前说过继母的不是。

天冷了，继母给三个孩子做了新棉袄。一天，子骞同两个弟弟高兴地穿着新棉袄，随父亲赶牛车外出。路上遇到了大风雪，子骞手冻僵了，抓不住牛缰绳，牛车咕噜噜顺着斜坡往下滑，棉衣被车钩破了一个洞，从袄缝里飘出了纷纷扬扬的芦花。父亲呆住了，他急忙扶好冻倒在车座上的子骞，扒开其他两个孩子的棉袄看，见里面都絮着厚厚的棉花！

父亲回到家，指着继母大骂："亲生儿女穿棉衣，子骞却穿芦花衣。你太狠毒了，你给我滚！"弟弟们吓得哭起来。这时，子骞扑通跪在父亲面前，哀求说："爹，求您不要赶娘走。"父亲说："她这样对你，你还替她求情？"子骞含泪说道："有娘在，顶多是我一个人受冻；娘走了，弟弟们和我三个却都要挨冻。"子骞的真情感动了父亲，更感动了继母，她惭愧地说："孩子啊，对不起，让我重新给你做棉衣吧。"从此，继母对子骞视为己出。

子骞是善良的，他用爱心挽救了一个差点破裂的家庭。"有娘在，顶多是我一人受冻，娘走了，弟弟们和我三个却都要挨冻。"这样宽厚仁善的心怀，怎不令人感动？他用爱心感动了自私的继母，也教育了继母。可见，爱心是一种美德，具有伟大的力量，它让一切自私和冷漠的人感到惭愧，让温情和幸福美好的重现。

对于家人的错误，有的时候婉转一点会比直言更容易取得效果。

早先的郑板桥家中十分贫穷，传说有一年除夕，他竟然穷得连一斤肉都买不起，好不容易有一个屠户赊了一只猪头给他，不料刚准备下锅时，那屠夫却突然变卦，硬是将猪头提走，卖给了别人。为此，郑板桥差点气出病来，从这以后，他也恨透了杀猪人。

后来，郑板桥山东范县做官，他为官处处体察民情、秉公执法，可惟独与杀猪的过不去，还特别规定杀猪的人不准卖猪头，就算是留下自己吃也要交税。

郑板桥的妻子听说了这件事后，感到十分不妥，但又不便直说，便想出一个法子。一天，她将捉到的老鼠吊在房里，夜里老鼠不住地挣扎，吵闹了一夜，弄得郑板桥一夜都没有睡好，因此他埋怨妻子。可妻子却说，自己以前在家的时候好不容易做了件新衣裳，却被老鼠啃坏了，所以一见到老鼠就气不打一处来。郑板桥是个聪明人，一听便知道了妻子的用意，于是吟诗一首:贤内忠言实难求，板桥做事理不周。屠夫势利虽可恶，为官不应记私仇。之后，便取消了原来不合理的规定。

郑板桥的妻子在知道丈夫的做法不对的时候，没有直接说，而是采用了一种巧妙的方式来点醒他，使郑板桥在妻子的委婉劝说下，恍然大悟，改正了错误。

大多数的人在做错了事情的时候，即使明知道是自己错了，也不希望别人对着自己大喊大叫，总希望别人能够体谅自己，给自己一个台阶下。对待自己的家人也应如此，当家人的错误一旦犯下时，要冷静地去处理，暴斥怒打都是无济于事的，它往往不能从根本上解决问题，而最好的办法就是通过耐心地说服教育，令其幡然悔悟。所以，如果自己的亲人做错了事情，一定要有耐心，千万不要将自己的负面情绪毫不保留地发泄出来。

婆媳相处要以宽容为怀

有人说，婆媳问题，是个永恒的话题，也是一个永远的难题。确实，婆媳关系是家庭中最难处理的关系，婆媳矛盾则是一个令清官也为之发愁的难题。在婆媳矛盾的背后，隐伏着母子之爱和夫妻之爱的竞争，这种竞争往往是无意识的竞争，事实上却是婆媳矛盾激化的一个重要的因素。

父母为了把子女抚育成人，付出了大量的心血，倾注了大量的爱。一般说来，到成家之前，儿子总是把母亲视为自己最亲的亲人。但是，一旦儿子结了婚，组建了自己的家庭，开始感受到夫妻之爱，这时母子之爱便自然而然地降至次要的地位，儿子新家庭的利益不可避免地放到了他原来家庭的利益之前；而且，儿子在生活中遇到了什么问题，首先关心他的总是媳妇，而儿子也总是把生活中的酸甜苦辣更多地、更主动地向媳妇倾吐，把媳妇视为“第一参谋”。这时，做母亲的便会感到感情上受到了冷落，加上儿子成家以后同自己的接触较以前大为减少，做母亲的如果不体谅，便会埋怨儿子“娶了媳妇忘了娘”，而把一肚子的怨气一股脑儿全倾泻在媳妇身上。因此，做母亲的要有“宰相肚里能撑船”的气度，看到儿子和媳妇相亲相爱，齐心持家，应该为之感到高兴，切不可妄生被冷落之感和疑忌之心。

徐太太再一次和婆婆发生冲突以后，跑到表妹严女士家诉苦。当时，严女士正好有篇稿子要写，无暇陪她。徐太太就和严女士的婆婆闲聊起来。

徐太太无奈地说，她婆婆不讲卫生，做菜无味，整天唠叨，让人生厌。严女士的婆婆打断了她的话：“你该向这个‘糊涂’妹妹学学，她不嫌我这个乡下老太婆，我在这里一住就是5年。我炒的菜明明盐放多了，可她还说好吃！前天刚给我100元零花钱，今天早上又问我还有没有零钱用。”

严女士的婆婆一边说，一边呵呵地笑起来……

午饭后，严女士打开洗衣机准备洗衣裳，却找不到早晨刚刚换下的衣服。“妈，看见我的衣裳了吗？”

严女士的婆婆却一拍脑门，笑着说：“瞧我这老糊涂，刚才一不留神把你的衣服给洗了。”

徐太太看着表妹婆媳之间融洽的样子，愣了一下神，好像若有所悟地点点头。当晚，徐太太深情地告诉严女士：“以前我总羡慕你有好婆婆，现在终于明白了，你们之间的相互体谅和包容可真难得啊！彼此不斤斤计较，而是相互体谅、相互关心、相互照顾，把对方当做一家人，这样就会有感情，什么事都好商量、好办了！我以后真得好好向你们学习。”

此后，徐太太也像表妹一样对待自己的婆婆，令人欣慰的是，不久以后，她婆婆也被“传染”了，也像她一样对待自己。从那时起，她们家再也看不见“硝烟”了，婆媳之间的关系倒是像母女一样亲。

自古以来婆媳相处一直就是家庭中的一大敏感问题，相处得来一切OK，要是相处得不好，婆媳过招100回的戏码就会常在家中上演。不过，尽管婆媳矛盾是一个古今中外令许多家庭头痛的难题，但只要当事者本着互相信任、互相尊重、互相爱护、互相关心、互相宽容忍让的态度，加上家庭其他成员齐心协力促使其向良性的方面转化，婆婆与媳妇之间一定会产生出真诚的爱，一定能够和睦相处。

婆媳关系是家庭生活中不避开的问题，婆媳情感是影响和决定整个家庭幸福与否的重要因素。人之相处，朝朝暮暮，自然生出感情。若儿媳能够时刻把公婆当做自己的父母一样对待和照顾，公婆也能将儿媳视为亲闺女一样疼爱，以父母之心去包容儿媳，这样的家庭何愁婆媳关系不和谐，何愁生活不美满、不快乐、不幸福呢？

儿女们的事尽量少管

古人云：不痴不聋，不做阿姑阿翁。意思是说，作为家中的父母或公婆，对儿子媳妇、女儿女婿等晚辈的私事，应当少问少管，睁一只眼闭一只眼，经常装装糊涂，家中自会少生许多矛盾，当长辈的也就会减少许多烦恼。换位思考一下，做儿媳的，也应该糊涂一点，不能什么事情都较真，才能婆媳关系融洽。

唐代宗时，郭子仪在扫平安史之乱中战功显赫，成为复兴唐室的元勋。因此唐代宗十分敬重他，并且将女儿升平公主嫁给郭子仪的儿子郭暧为妻。这小俩口都自恃有老子做后台，互相不服软，因此免不了口角。

有一天，小俩口因为一点小事拌起嘴来，郭暧看见妻子摆出一副臭架子，根本不把他这个丈夫放在眼里，愤懑不平地说："你有什么了不起的，就仗着你老子是皇上!实话告诉你吧，你爸爸的江山是我父亲打败了安禄山才保全的，我父亲因为瞧不起皇帝的宝座，所以才没当这个皇帝。"

在封建社会，皇帝惟我独尊，任何人想当皇帝，就可能遭满门抄斩的大祸。升平公主听到郭暧敢出此狂言，感到一下子找到了出气的机会和把柄，立刻奔回宫中，向唐代宗汇报了丈夫刚才这番图谋造反的话。她满以为，皇父会因此重惩郭暧，替她出口气。

唐代宗听完女儿的汇报，不动声色地说："你是个孩子，有许多事你还不懂得。我告诉你吧，你丈夫说的都是实情。天下是你公公郭子仪保全下来的，如果你公公想当皇帝，早就当上了，天下也早就不是咱李家所有了。"并且对女儿劝慰一番，叫女儿不要抓住丈夫的一句话，乱扣"谋反"的大帽子，小俩口要和和气气的过日子。在皇父的耐心劝解下，公主消了气，自动回到了郭家。

这件事很快被郭子仪听到了，可把他吓坏了。他觉得，小俩口打架不要紧，儿子口出狂言，迹近谋反，这着实叫他恼火万分。郭子仪即刻令人把郭暧捆绑起来，并迅速到宫中面见皇上，要求皇上严厉治罪。

可是，唐代宗却和颜悦色，一点也没有怪罪的意思，还劝慰说："小俩口吵嘴，话说得过分点，咱们当老人的不要认真了，不是有句俗话吗：'不痴不聋，不为家翁'，儿女们在闺房里讲的话，怎好当起真来？咱们做老人的听了，就把自己当成聋子和傻子，装作没听见就行了。"

听到老亲家这番合情人理的话，郭子仪的心里就像一块石头落了地，顿时感到轻松，眼见得一场大祸化作芥蒂小事。

小俩口关起门来吵嘴，在气头上，可能什么激烈的言辞都会冒出来。如果句句较真，就将家无宁日。杀人不过头点地，自己又能得到什么好处？唐代宗用"老人应当装聋作哑"，来对待小夫妻吵嘴，不因女婿讲了一句近似谋反的话而无限上纲、大动杀机，化灾祸为欢乐，使小俩口重归于好了。有时候，夫妻之间的事尽可能让晚辈们自己解决，正如两人吵架时，如果边上有人劝架，涉及到面子问题，当事人往往反而会下不来台，会吵得更加的厉害；如果没人拉劝，反而很自然就不计较了，自然就大事化小，小事化了了。

老年人如何处理好家庭关系，具体说处理好与后辈的关系，当是一个重要而敏感的问题。它不仅关系到家庭和睦，而且影响到老人身心健康。当然，儿女应当孝顺、孝敬，尽量让老人满意。如此这样，在"尊老爱幼"的良好家庭生活氛围下，拥有愉悦、自在的心境不是难事，拥抱幸福和快乐就顺理成章了。

宽容让家庭和睦，充满温情

所谓婚姻中的“幸福”，其实就是一种感觉，是由婚姻中的无数感动堆积而成的，是由无数真情串起的珍贵记忆。它不是每个人都能懂得和分享的。这种感动和记忆，都会珍藏在当事人的心里，如同花粉存在蜂房里，有朝一日自会酿出甜蜜与芬芳。

在婚姻生活中，有一种感动叫相亲相爱，有一种感动叫相濡以沫，还有一种感动叫宽容。婚姻中注定会有无数的美好瞬间让你感动，在那些平淡的日子里，它们会悄无声息地从昔日的回忆中跳出来。有时即便只有一丝感动，也可以酿出一生的甜蜜。

婚姻犹如行驶在大海中的小船，有时风平浪静，一帆风顺；有时则有风暴，有暗礁，只有划动包容的船桨，挂起理解的风帆，同心协力才能到达幸福的彼岸。

一对恋人，带着恋爱中的轰轰烈烈和温馨缠绵，带着对未来生活的甜蜜憧憬，走进婚姻殿堂时，才会发现在婚姻生活中，体现更多的是平淡。恋爱虽然很浪漫，但婚姻却很真实，再美妙的爱情终有梦醒之时，总要回归到柴米油盐的现实中来。

如果把恋爱比作风花雪月的浪漫小夜曲，那么婚姻就是锅碗瓢盆的命运交响曲。婚姻演奏着最朴实的乐章，谱写着平凡却醉人的温馨曲调。婚姻中的爱情最终会慢慢地不再被提起，彼此更多的是相互的守候、相互的扶持。在婚姻中仅仅守住爱情是不够的，还要用心去经营，去维系。

婚姻是两个人的事情，婚姻中的成员都要对婚姻负责。有这样一句妙语：“婚姻是惟一没有领导者的联盟，但双方都认为他们自己是领导。”试想，一对萍水相逢的男女，要在同一屋檐下风风雨雨几十年，同时又有着各自的性格，互相之间难免会产生摩擦。当个性冲突时，往往带来家庭的摩擦，此时，更需要彼此理解和包容。爱情如水，婚姻似杯，当爱情沉淀的时候，当婚姻出现波折的时候，我们该轻轻地摇摇杯子，用理解和宽容来沉淀杯中的杂质。

一天上午，并非张亮亲生女儿的小苗在学校突然晕倒，到医院诊病，结果确诊小苗患的是要命的淋巴性白血病。

医生对张亮夫妇说，要想治好小苗的病，需要妻子再生个孩子，用新生儿的脐血挽救小苗。这就意味着妻子必须与前夫再生一个孩子，这怎么可能呢？妻子秦娟痛苦地低下了头，张亮更是痛苦万分：本来小苗就不是自己的骨肉，怎么能再要一个又不是自己骨肉的孩子呢？

经过反复思考，张亮做出了一个令人难以置信的决定：让妻子与前任丈夫再生一个孩子救小苗！然而，这个决定遭到了秦娟的坚决反对："这十多年来，我们早就没有任何来往，况且双方都已有家室，你让我怎么跟他讲？再说，我至死都不想让他知道小苗是他的亲生女儿，我更不能做对不起你的事啊！"

"生命高于一切。为了小苗的生命，请你好好考虑考虑吧！"张亮诚恳地对妻子说。秦娟又何尝不想救女儿呢？只是她万分珍惜与张亮的感情，实在不愿让这份感情再受到任何玷污了。

考虑了3天，秦娟觉得自己无论如何都不可能再和前任丈夫有什么瓜葛。如果能用其他的方法与前任丈夫再生一个孩子，倒还可以考虑。与张亮商量后，夫妇俩坦率地把自己的隐私对大夫讲明了，大夫说："你们可以采用人工授精的方法怀孕，这样也能使孩子获救。"

接着，张亮找到并说服了妻子的前任丈夫，使他答应献出精子。

接下来，医生为秦娟做了特殊的人工授精手术。手术做得很顺利，一个多月以后，秦娟就怀孕了。看着妈妈渐渐隆起的肚皮，小苗知道新的小生命与自己的生命紧紧相系，久违的笑容，再一次回到了她的脸上。

等妻子生产以后，张亮当即带上装在保温箱里的一段脐带，到医院做配型化验。喜讯传来，配型成功！秦娟刚刚坐完月子，张亮和她就带着两个女儿到医院，找到了大夫，大夫马上安排孩子住院。观察7天后，为小苗做了亲体配型脐血干细胞移植手术。手术进行了两个半小时，非常成功。住院观察期间，小苗未出现大的排异反应，于半月后痊愈出院。小苗稚嫩的生命，终于又重新扬起了希望的风帆。

显然，张亮就这样承受了有悖传统伦理的“奇耻大辱”，奉献了拯救孩子生命的大爱！尽管他因此陷入了难言的尴尬和隐痛，但他的人生却因此显现了人性的光芒，令人肃然起敬。即便人们知道了其中的隐情，谁还能忍心讥讽他？因为任何人都难以做到。所以，心胸宽、境界高的人才最值得别人去尊敬和赞美。

如果把婚姻比作汽车，爱情就是灯光，宽容、忍让、体贴就是汽油。在婚姻生活中，当男人暴跳如雷的时候，女人的忍耐可化解一场战争；当女人使小性子的时候，男人的宽容可以化解一场纠缠，即使发生激烈的冲突，也会化险为夷。人类爱情的最高境界，是回归到同甘共苦的亲情中，回归到共同承担责任的婚姻中，即所谓“执子之手，与子偕老”。

宽容是婚姻中的融合剂，但宽容过度就成了纵容。纵容就像慢性毒药一样，逐渐把甜蜜的婚姻变成痛苦的牢笼。如果说宽容是婚姻生活中的糖，那么批评与改正就是婚姻生活中的盐，只有适量的糖和盐，婚姻生活才会有滋有味。

婚姻生活能让人学会很多的东西。彼此的包容与理解，是爱情最温柔的部分。作为婚姻中的人们，必须要学会仔细品读自己的婚姻，仔细地审视婚姻中的自己，以充满欣赏的目光，去看与你同甘共苦的另一半，更要学会在清淡的茶水中品出淡然的清香，学会在平淡的生活中品味婚姻的馨香。

幸福是一盆洗脚水

幸福是个永恒的话题，也是人们永远的追求。然而，幸福到底是个什么玩意儿？可以说没有人能给出完全标准的定义。有人说幸福就是有车、有房、有花不完的钱；有人说幸福就是健康快乐；甚至有人说幸福就是不用工作也不愁吃穿……但也有人说幸福就是一盆洗脚水。有这样一个故事：

直到毕业的最后一天，他们的手仍紧紧相扣在一起。最后，他背着简单的行装随着心爱的人到了她落脚的地方，谋了一个不尽人意的职业。

他们结婚了。结婚似乎使一切趋于了真实——是令人沮丧的真实。她渐渐发现自己选择的伴侣是多么平庸的一个人：笨拙、木讷，没有社会活动能力，有时还突发蛮不讲理的暴躁。她慢慢地任性起来，言谈举止间流露出对他的厌倦和不耐烦。

相爱的人总是很敏感的。他很快觉察到了她的变化并领悟了变化的缘由。但他什么也没有说，可该来的还是要来的。

一天下午，几位大学时的同学来他们的小家闲坐。交谈中不时聊到哪位同学成了“大款”，哪位校友仕途顺达，哪位“名花”高嫁权门等话题，似乎那些昔日还衣衫黯淡的难兄难弟们转眼间都已脱胎换骨直上青云。小夫妻附和朋友的言语，脸上都有些讪讪的。朋友走后，她窝在沙发里，一声不吭。

“怎么了?”他轻轻地问。

她长叹了一声：“没劲。”

“别多想了，比上不足，比下有余。过日子就得平平实实。”

"平实？那为什么有那么多人住着洋房、开着私家车、放着影碟、吃着海鲜?人家怎么不满足平平实实?"

"各有各的生活方式。"

"我就看不惯咱们的生活方式！没本事没能耐过上好日子，还口口声声地说什么'平实'，无聊!"

"我看你每天想的东西才无聊呢!"男人重重地甩出一句话，摔门而出。

她愣了愣，委屈地失声痛哭起来。她哭了很久很久，渐渐睡着了。睡梦中她感到一阵阵温暖传遍全身。当她睁开眼睛时，看见男人蹲在沙发前，正细心地给她洗脚。就在这时，她心中不由怦然一动，说良心话，他是很疼她的，这个身处异地的男人为她众叛亲离来到这里，不是一件容易的事。他为她付出的太多了。

但是凡事有了开头，就会一而再，再而三地发生。他们之间很快就有了第二次、第三次争吵，并且越来越频繁，越来越激烈，和解也显得越来越勉强，越来越无奈。每次都是她挑战，每次都是他妥协。他以极大的耐性和张力容纳着她，然而最后两个人都累了，于是他们找到了一种最好的解决方式——离婚。

去法院办理离婚手续的前夜，男人照例端来一盆温热的洗脚水。

"咱们各洗各的吧。"她冷冷地说。

"让我再为你洗一次吧，这也许是最后一次了。"她的心忍不住一颤，慢慢地脱下鞋袜，伸出脚去。

"你知道我在想什么吗?"她不语。"我想一下子把你的脚扭断。"她仍不语。"可是我不忍心，因为这样做虽然有可能留住你的人，却再也不会留住你的心了。"

"现在你已经留不住我的心了，咱们完了。"女人冷淡地说。

"我知道。"男人点头，当他端起洗脚水向屋外走去时，忽然转过身来："不过，我也想要你记住，生活真的很平实，生活中的爱情也是一样。它们平实得就如我手中的这盆洗脚水，有点儿杂质，有点儿浑浊，甚至有点儿异味和脏物，可你不能不承认你洗脚时的感觉是醉人的。”

“把它倒了吧，不要再为自己找理由了。”女人直直地盯着他。

离婚后的女人如出笼的飞燕，很快奔波到南方闯荡自己的天下。数年之后，她已小有成就、小有财产、小有地位和小有名气。她认识了许多男人，他们送给她不少时髦女人用的东西，而她总是淡然以对，总觉得这些男人缺了点儿什么。

一个深秋的夜晚，她因生意的缘故滞居在某个小城里，宾馆条件不好，早早地停了水。她向服务员要了两壶开水，开始泡脚，她已经很久没泡过脚了。当她把脚伸入水中，一种温暖而舒适的感觉即刻传遍全身。在这一刹那，她忽然想起了那个时常为她洗脚的男人，想起他为她洗脚、抠她脚心逗她发笑的情景，想起他为她洗完最后一次脚时说的那番话。多少年了，留在她心里的却还是他，他的迁就，他的宠纵，他的体贴，他的无微不至的怜爱……

生活就是这样。有意追逐幸福的时候，幸福便飘然远离。当我们在人生路途上疲于奔波之后，偶有闲暇，回望早已逝去的岁月，幸福就在追忆与怀想中闪烁隐现，然后定格，频频向我们招手，再苦再累的往事都变得那么香甜，那么意味醇美。

幸福是没有标准定义的，人们对幸福的追求也是永远没有止境的。幸福不幸福，关键在于个人的心态。生活就这样，你种下金币不一定能收获金币，种下幸福也未必能获得幸福。谁播种了一颗平常心，谁用幸福之眼看世界，谁就将拥有幸福。最重要的不在于播种后的收获，而在于播种的过程，幸福是一方常耕常新的独园。

婚姻不可太较真儿

托尔斯泰有句名言：“幸福的家庭都是相似的，不幸的家庭各有各的不幸。”

可以说，幸福是我们每一个人一生中最为重要的追求。而家庭的和谐幸福是人生中幸福的重要因素，和谐、快乐的家庭氛围是决定家庭幸福的关键。那么，要创造良好的家庭氛围，首先必须加强夫妻双方的共同心理修养，做到互敬、互爱、互信、互帮、互慰、互勉、互让、互谅。夫妻之间要经常进行情感沟通，彼此相敬如宾，恩恩爱爱，相依为伴，使家庭成为生活中平静的港湾，在家里能得到鼓励，得到关心，得到欢乐，让家庭生活充满生气，充满绚丽的色彩。

一对年轻夫妻中的太太哭着跟朋友说：“你快来！我恨他！我要和他离婚!”当她的朋友快速赶到他们家时，他们吵得正厉害。

丈夫说：“她很无聊，我上班好累，她说晚上要去散步，我说改天，她就又哭又闹，真是讨厌!”

妻子说：“你才讨厌，我在家做牛做马，为这个家洗衣做饭，为你生孩子，一天忙到晚地服侍你们，我只是要求你陪我散散步，你就会累死啦?”

妻子不满地继续说道：“哼！早知道生了小孩你不管，我根本就不生，我们女人为何辛苦生下孩子，就一定要负责孩子的一切，又不能出去工作。”

丈夫说：“喂！生孩子又不是你一个人能办到，没有我你生什么。”

妻子说：“哼！你有何贡献?”

丈夫说："哼！没有我的贡献你生什么？"

妻子说："哈哈！你贡献了，那看看我们女人的贡献：我怀孕要忍受呕吐，我要小心饮食，我连生病都不敢吃药，我要为肚里孩子注意一切，我怀孕行动不便，我不再能远行郊游，我要穿上大肚装，我要担心肚里孩子是否健康，我要定时去医院检查，我怀孕要破坏身材，我要烦恼妊娠纹的出现，生产后要努力恢复身材使丈夫不嫌弃，我要忍受疼痛……"

他沉默了。

这场架吵完了，想一想，好像事实真是如此。他什么都没说，只是将妻子抱了抱，对她说："对不起，我没有考虑到你的感受，我会加倍爱你。"

他是个大度的男人，听了妻子的话，他发现自己妻子真的很辛苦。而他以前忽略了这一点，所以当妻子对他发了一连串的"攻击"以后，他没有较真儿，而是选择了沉默和一个歉意的拥抱。

就这样，妻子也见好就收了。

婚姻的日子要想长久，有时候是需要相互的理解和关心，有时候则需要睁一只眼，闭一只眼。彼此心知肚明就好了，往后的日子还长着呢。如果单纯为了洗刷清白而太过于较真，反而会失去得更多。

一对曾经非常相爱的小夫妻，后来因为一件小事而散伙了。离婚后，他们天各一方，各自走过了一条坎坷的人生旅途。他们后来的婚姻都不太美满，所以时时怀念年轻时的那段美好时光。如今白发爬上了他们的额头，一个偶然的机会，他们又相聚了。闲谈中他们谈起了那一件事。

男人问女人："那天晚上，我来敲你的门，你为什么不开门？"

女人说："我在门后等你。"

"等我？等我干什么？"男人说。

"等你敲第10下才开门——可你只敲了9下!"

男人和女人都为这件事后悔了。女人后悔自己过于执拗，她完全可以在男人敲第 9 下的时候把门打开，或者在他离去时把他叫回来，这样，她已经很有面子了，为什么非要坚持等那第 10 下不可呢？

男人呢？几十年后如梦初醒：原来那扇门并没有关死呀！可我为什么不继续敲下去呢？只要多敲一下，一切就会完全不同了啊！

看了这个故事，我们难免为他们觉得惋惜。这段遗憾仅缘于女人过于执著心中要求多出来的一次敲门而已。因为她的执著，而把美好的爱情关在了门外，如果她能大度一点儿，不那么执著，她的爱情将是何其美丽！话又说回来，男人如果这次没敲开门，何不等明天再来试试呢？女人坚硬的心通常是被男人的坚持给软化的，所以男人再稍微坚持一下，结局就不会是这样的了。

毫无疑问，不完美、不和谐、不幸运的婚姻让人痛切心扉，终身难忘，因此这无疑是幸福的最大障碍。婚姻不能等同于小孩子玩过家家，说散就散。婚姻是男女双方爱情的见证，是情感的升华。对于这样来之不易的婚姻，我们千万不可太过较真儿。否则，感情就会产生细小裂缝，日久天长蚁穴溃堤，最终将难以修补，幸福自然会将你拒之门外。

或水或泥，都不可握太紧

婚姻是两个没有血脉相连的人，在机缘巧合下走到了一起，并成为最亲密的人。让两个陌生人之间有了比亲人还亲的距离的是爱情，而需要将爱情保持得更长久一些，首先需要给爱人以自由的空间，需要适当地放手。

刚刚结婚度完蜜月，就被老公扔在家里，不问一声，李倩想了想，自己也太不幸福了吧。于是，借晚上吃饭的机会对老公说："我想要回娘家一趟，这个星期日，你陪我去好吗?"老公却一脸无奈，工作很忙，要加班，还有一个重要的客户没搞定……一大堆的理由，李倩给老公上了一晚上的"政治课"，最后才取得丈夫的同意。

事情过后，李倩想了想，自己是不是太过自私了，如此与老公过日子也不是个办法，于是，她决定给老公松一下绑，让老公像一只小鸟那样自由地翱翔。这么决定之后，李倩不再像以前一样，老公不按时回家，就要老公对她解释两个小时。李倩便对老公不管也不问，听到老公的解释之后，也是一笑了之，对感兴趣的，也只是随便附和几句。

一天，老公打来电话说非要陪她去逛街。李倩想老公今生最怕的就是逛街，想想也罢，难得他想陪我逛街，何不满足一下他。

一下逛到了月亮爬上来，才想到回家，李倩看着老公所拎的大包小包都是自己的东西，突然对丈夫说："这个衬衫你喜欢吗?"老公摇头说："谢谢你，有你就足够了！以后我会像以前那样按时回家，每一个星期陪你逛一次街，每两周送你回娘家一次。"看着老公累得还没有自己走得快，李倩偷偷地哭了。

这就是放手的幸福。李倩的理解与放手得来的是老公陪她逛街与以后的承诺，这些承诺并不是说说而已，是发自肺腑之言，完全是真心话。幸福是强求不来的，如果把老公管得严严的，只会让他难堪，徒增反感，时间长了就是厌恶，加速婚姻解体的进程。相反，如果对他适时的放手，给他信任与自由，那就会得到意想不到的回报和幸福。人要学会满足，学会放弃一些不该紧握的东西，给婚姻中的另半以呼吸空气的自由，学会舍去一些，这样才会有所得。

28岁的小梅通过相亲认识了一个很不错的男人，由于两人互有好感，很快确立情侣关系并闪电般结婚。不过，最近小梅却很烦恼。她总是跟男人为鸡毛蒜皮的事吵架，吵过后两人就开始冷战，后来还是小梅主动和解。小梅很喜欢这个男人，因怕他出轨，所以对他看管很严。这天她上男人的QQ，想看男人的聊天记录，男人死活不让她看，还埋怨小梅猜忌心重、一点儿都不信任他。小梅承认是有点儿神经质了，因为他们刚谈恋爱的时候，男人和他前女友刚分手不久，虽然现在结婚了，但小梅总觉得他们还藕断丝连。一想到这些，小梅就更加不安，拼命搜索男人“作案”的蛛丝马迹。男人实在受不了她的24小时“监控”，两个人的关系越来越紧张。

小梅回家向妈妈抱怨。妈妈劝小梅：“爱情就像手里的沙子，你攥得越紧就流得越快，婚姻中当你把对方看得越紧，他就会离你越远。就像放风筝，手中的风筝线你拽得越紧它就越容易断，只有一松一紧才能把它放得更高更远，爱情也是这样，只有给它足够的空间和自由，才能持续得更长久。”

通过和妈妈这次贴心的交流，小梅终于明白是自己抓得太紧了，反而招致男人的反感。最后，她主动向男人承认了错误，挽救了自己的爱情。

人生就这样，适时适当地放弃一些东西有时比得到一些东西更为重要。

有些东西真不能握得太紧，生活也如散步，需要一些弹性。女人是水做的，爱她就把她捧在掌心，如果把五指攥得紧紧，水反而会遁形；男人是泥捏的，爱他就要对他信任，柔水可劲泡，终会泡酥了身子，泡没了心情。

幸福生活，需要留一半清醒留一半醉

常言所说的“大事要清楚，小事要糊涂”，即指对原则性问题要清楚，处理起来要有准则，而对生活中的一些小事，则不必太过认真计较。在日常生活中，我们对一些非原则性的不中听的话或看不惯的事，可以装作没听见、没看见，或是随听、随看、随忘，做到“三缄其口”。这种“小事糊涂”的做法，不仅可以应用到处世当中，对婚姻生活更是非常适用。

赵小琴与丈大相识11年，结婚8年，她自己比较满意现在的幸福生活。俗话说得好，舌头和牙齿再好都有打架的时候。他们之间也吵也闹，吵过闹过之后很快就会忘记，因为他们都很在乎对方。惟有一件事，赵小琴老是放不下，那就是丈夫的前女友。

此人比她丈夫小4岁，分手后两人一直有书信往来。在赵小琴与老公认识后不久，听说她就结婚了，还寄来了结婚照，信中称赵小琴的丈夫为“亲爱的XX”，信中尽是对他们以往日子的眷恋。这些信件是赵小琴无意中看到的，丈夫说如果不是她自己看到，他是不打算让她知道的，怕她胡思乱想。

赵小琴总是对丈夫的一言一行很在意，虽然那个女人没有找丈夫出去过，但她还是生怕那个女人找上门来。丈夫说她心眼小，并保证自己是不会背叛她的。

赵小琴本来有一个幸福的家庭，有个疼爱自己的丈夫，她本应过得舒舒服服、快快乐乐的，但是她却活得很累，因为总是担心自己的丈夫和旧情人会死灰复燃。其实这完全没必要，因为对一件还没有发生的事而去担心，还不是杞人忧天吗？大可以“睁一只眼闭一只眼”，对自己和丈夫的感情充满信心。如果总是担心这担心那，那么时间久了，担心的事总会变成现实的。

徐凤仙与前夫同龄，今年33岁，都是硕士，他们是大学同学，徐凤仙之所以选择他是因为看重他的聪明才智，他的诚实忠厚。大学毕业后，他以优异的成绩考上了硕士研究生，而徐凤仙工作两年后也考上了研究生。

在这期间，他们走完了长达6年的恋爱历程，在一个只能放一张床、一张桌子的小屋筑起了爱巢。没有花车，没有婚礼，他们却坚信爱的真谛。婚后他们一起做饭、看电视、逛街，虽然没有很多钱，徐凤仙却感到无比快乐。几年前他走下讲台，下海经商。从此他们的收入逐渐增多，但感情却逐渐疏远。

2003年他们有了儿子，他为工作一出差就是几个月。冬天徐凤仙带着生病的儿子奔忙于医院，晚上休息不好，早上站在讲台上头昏眼花，但是爱支持着徐凤仙。后来丈夫的事业越做越大，应酬越来越多，常常是深夜回家，因此他们时常吵架，时间长了，一点点耗尽了他们多年的感情积蓄，徐凤仙感到十分痛苦，并难以忍受。

既然无法忍受，那就逃避吧。一年前徐凤仙提出与他分居一段时间，希望通过拉开空间距离减少生活摩擦，以空间换取时间的记忆，重拾他们之间的爱情。也就在这个时候，他的公司运转出了问题，正在他焦头烂额之际，他身边的一个女人给了他妻子般的温柔和抚慰，两人并最终发生了情感和性爱关系。当徐凤仙得知这一切的时候，一切都为时过晚，徐凤仙终究没能留住丈夫的心，他们离婚了。平静下来徐凤仙很不甘心，对那个抢走丈夫的“第三者”充满了好奇，徐凤仙约她见面，徐凤仙说她要输个明白。

她并不如徐凤仙漂亮，既没有徐凤仙这样良好的教育背景和成就，身上也缺乏男人所渴望的那份风情万种，像大街上常见的一道风景，平平淡淡，没有特征。但通过与她的一度相处，徐凤仙发现她身上有着徐凤仙所没有的东西：关注男人，善解人意。

徐凤仙感到十分后悔。

正如一首歌里唱到的“留一半清醒，留一半醉”，如果徐凤仙能在生活中保持“半醉半清醒”的态度，对于丈夫的小缺点不太过计较，能够保持宽广的胸襟，结果也不会是现在这样。

幸福的女人总能在婚姻中保持适度的糊涂，比如知道男人说的是善意的谎言后而不去揭穿他；男人稍稍自大一些的时候看得过去也就不要去揭露他；男人偶尔一次做错事时，聪明女人也装作没看见……其实不是女人真的没看见，是人就有过，能过得去就让它过去，何必给自己找麻烦呢！人生苦短，要做的事也不只是抓住这些生活中的小辫子而不放，如果这样只会给自己徒增许多烦恼和痛苦。

一句生活最美好的写照就是“留一半清醒，留一半醉”，“水至清则无鱼，人至察则无徒。”人无完人，爱情也不可能是十分完美的，太清醒了也许就没有轰轰烈烈的爱情了。我们汉字的“婚”字，拆开来看，就是一个“女”字和“昏”字，这很让人玩味。假若女人不昏了头说不定这世上就没有爱情和婚姻了。三分流水两分尘，别把所有的事情都揪着不放，只要把握住婚姻生活的大方向，不偏离正常的轨道，不偏离道德的航线就行了。

唠叨只会让幸福渐行渐远

据相关人士调查，现代男女离婚率是越来越高，究其根本，唠叨则成为其中很大一部分原因。唠叨是大多女人的通病，尤其是已婚女人。唠叨导致了女人婚姻的不幸，因为没有哪个男人会欣赏、会喜欢一个唠叨不休的女人。

“老公，你把垃圾倒了好不好？”

“老公，房前的草地乱糟糟的，该剪了。卧室的门把手掉了，该修了。后窗户卡死了，一直打不开。你什么时候修电视天线啊……”

“老公，你今天吃药了吗？别吃方便面，对你的胆囊不好，还会使你发胖。”

这些话语说个三四次、四五次的，或许男人会照做，而且会认为你特别会关心人，但是经常说，那味道就变了，变得让男人害怕你，甚至讨厌你。所以，女人要放下唠叨，让爱情、婚姻不再因唠叨而远离你。

刘女士结婚一年，每天一下班就忙于回家做饭，可以说一心扑在家里。可不知为什么，她与老公的关系越来越紧张，新婚时家庭中的温馨气氛也没有了。为什么呢？刘女士非常苦恼。对此，刘女士的丈夫说：“我工作一天感觉很累，想赶快回家坐在沙发上喝杯茶，忘掉一天工作中烦人的事。没想到一回家我妻子就唠叨上了：你总是空手回来，也不顺便买点儿菜，就知道张口吃……本来我就事多心烦，回到家里本想温馨的家庭气氛能驱散我工作中的烦恼，没想到我妻子的一番唠叨使我愁上加愁，心情急剧恶化。于是我就和她顶撞起来，造成双方情绪都不好，这样的情况一次两次，我能够理解她，可我妻子总是这样唠唠叨叨的，一点儿没有我理想中的柔情，我对此事也十分苦恼。”

没有哪个男人会欣赏一个唠叨不休的女人。唠叨是婚姻的致命伤。一个唠叨的女人，对整个家庭来说都是噩梦。男人回到家里，便陷入毫无头绪的抱怨和呻吟中，这时他最想做的就是蒙头冲出家门去。

托尔斯泰伯爵的夫人，在她逝世之前，她向几个女儿们承认道：“是我害死了你们的父亲。”她的女儿们知道她的母亲说的不错，她们知道她是以不断的埋怨、永远没完没了的批评和永远没完的唠叨把父亲害死的。

从各方面来说，托尔斯泰伯爵和夫人应该是幸福的一对。但托尔斯泰的一生却是一场悲剧，而之所以成为悲剧，原因在于他的婚姻。他的夫人喜爱华丽，但他却看不惯。她热爱名声和社会赞誉，但这些虚浮的事情，对他却毫无意义。她渴望金钱财富，但他认为财富和私人财产是罪恶的事。

多年以来，由于他坚持把著作的版权一分不留地送给别人，她就一直唠叨、责骂，甚至经常地哭闹。她要拿回那些书所能赚到的钱。

当他不理会她的时候，她就歇斯底里起来，在地上打滚，手上拿着一瓶鸦片，发誓要自杀以及威胁说要跳井。

当托尔斯泰82岁时，他再也不能忍受家里那种悲惨不快乐的情形了，于是在1910年10月一个下着大雪的夜里，逃离了他的夫人——逃离寒冷的黑暗，不知道到哪里去好。

11天以后，他因肺炎死在一个火车站里。他临死前的要求是，不许她来到他的身边。

这就是托尔斯泰伯爵夫人唠叨、抱怨和歇斯底里所导致的结果。

这种结果或许是稍微好点儿的，在香港，曾有一位丈夫砸坏了妻子的脑袋，原因是妻子的唠叨使得他失去了理智。甚至还曾听说在美国有一位丈夫因妻子唠叨而发狂，把妻子的嘴巴缝了起来，这听起来不免有点恐怖。看来，唠叨真的是非常的可怕！

卡耐基说:“在地狱中，魔鬼为了破坏爱情而发明的总能成功的恶毒办法中，唠叨是最厉害的。它永远不会失败，就像眼镜蛇咬人一样，总是具有破坏性，总是置人于死命。”聪明的女士们，如果你已经步入了婚姻，就请记住，千万不要唠叨，因为唠叨是婚姻的致命伤，不要让自己幸福的婚姻在唠叨中逝去！

“忍让”是书写幸福的良方

家，是人生的安乐窝；家，是人生的避风港。一个家庭想要“家和万事兴”，家庭里的成员必须要能相互了解、相互体谅、相互尊重、相互忍让。

忍让，能让家庭和睦；忍让，使全家相安无事。虽然学会忍让不是一件简单的事，但我们还是必然要学会忍让，因为忍让能为我们带来意想不到的幸福收获。

什么是忍？《说文解字》解释为“忍，能也”。忍，确实是有能力、有雅量、有修养的表现，它是积极的，主动的，高姿态的。人人都懂得这个理，何愁家庭不和谐幸福？

有一老翁，有子媳各三，但一家相处融洽，终年不见狼烟。一日闲聊时，老翁谈起与媳妇的相处之道。他举例说，一次大媳妇煮熬了点汤，先盛一碗给他，并半征询半内疚道：“刚才我好像放多了盐，不知您会不会觉得咸了点？”阿翁吃了一口，即答：“不会！不会！恰到好处呢！”此后的一次，三媳妇也熬了点汤也给他送去一碗，说：“我一向吃得较为清淡，不知您口感如何？”阿翁喝了一口汤，忙答：“很好很好，正合我的口味。”结果自然是皆大欢喜。

忍让是通向幸福的钥匙。家庭中的矛盾、分歧很少有原则性的分歧。这时能以“忍”字为先，装点糊涂，表示谦让，矛盾也就烟消云散了。不然的话，就会激化矛盾。其实，是咸是淡，好吃难吃，都不重要，重要的是人与人相处时那种和乐的气氛。

李太太把满满一桌饭菜凉了又热，热了又凉，那可全都是李先生爱吃的。然而李先生早忘了今天是他们结婚5周年的纪念日，而迟迟在外不归。

终于，李太太听到了钥匙的开门声，这时愤怒的李太太真想跳起来把李先生推出去。李先生的全部兴奋点都在今晚的足球赛上，那精彩的临门一脚仿佛是他射进的一般。李太太真想在李先生眉飞色舞的脸上打一拳，然而一个声音告诫她："别这样，亲爱的，再忍耐两分钟。"

两分钟以后的李太太，怒气不觉少了许多。"丈夫本来就是那种粗心大意的男人，况且这场球赛又是他盼望已久的。"她不停地安慰自己，尔后起身又把饭菜重新热了一遍，并斟上两杯红葡萄酒。兴奋依然的李先生惊喜地望着丰盛的饭桌："亲爱的，这是为什么？""因为今天是我们结婚5周年纪念日。"

愣了片刻的李先生抱住李太太："宝贝，真对不起，今晚我不该去看球。"

李太太笑了，她暗自庆幸几分钟前自己压住了火气，没大发雷霆。

忍让，是家庭和谐幸福的一个必不可少的条件。多站在别人的角度想一想，比如在家里谁说了几句不中听的话，你不妨想到，他可能为别的事心里不痛快，或许他对什么事误会了，或许他天生的直筒子脾气，沾火就爆，过后他会想到自己的不对的，或许是因为他年纪小、想事情不周全，等等。这样就理解了，容忍了，也就不会放到心里去。这才是真正的忍，忍了之后，自己的心里也是坦然的，宽阔的，平和的，淡定的。

试想，如果家庭成员之间因磕磕碰碰、丁丁点点的小事，不知忍让，不去克制，便针扎火暴地发脾气，耍性子，这个家庭还有什么和谐幸福可言呢？我们每个家庭当中，夫妻吵架，大多都是因"鸡毛蒜皮"的小事引起的。我们不妨想一想，是不是应该像李太太那样忍耐两分钟呢？

进退有度，幸福婚姻中的沟通法则

所谓进退有度，就是该坚持的时候要显得强势一些，不要轻易屈从于对手；该退让的时候就克制一下，哪怕为此会受一些委屈。

俗话说“退一步海阔天空”。一个不可否认的事实是，为数众多的人在“坚持”和“强势”方面表现得有余，而在“退让”与“克制”方面表现得不足。这也正是夫妻关系这个“大局”容易遭到损毁的重要原因。

有一个许多人都熟悉的女人在这方面的表现令全世界侧目，她就是希拉里。

以希拉里的个性，无论在女人中还是男人堆里，她都是突出的、显著的。

但是，希拉里虽是典型的女权分子，却不是女权主义者。当她的女权和她的国家利益发生冲突的时候，她让位于后者。在大局面前，她也学会了隐藏个性，并将个性让位于大局。这也即是希拉里之所以是希拉里的根本原因。

1975 年希拉里与克林顿喜结良缘之后，按照美国的风俗，她该改从夫姓了。但希拉里的个性决定她不愿意这么做。对于这一点，开明的克林顿也没有强求。于是，希拉里保留了自己原来的名字。但就因这件小事，令很有主张和见地的希拉里都没有想到的是，它对日后丈夫的政治生涯产生了一定的影响，曾一度成为一个引人争议的话题。

1978 年，克林顿当选为阿肯色州州长，加上女儿切尔西出世，一个完美的家庭组成了。但好景不长，克林顿遇到了种种麻烦。妻子希拉里对自己名字的保留受到来自传统保守选民的非议与责难，又加上当时由于种种原因引起的地区骚乱，竞选对手共和党人弗兰克·怀特乘机利用种族主义的情绪四处煽风点火，到处许诺。

四面楚歌的克林顿快要绝望了，但希拉里决定迎难而上，在这位贤内助的鼓舞下，克林顿以退为进，在全州发布“罪己诏”，请求公众的原谅。此招果然灵验，1982年州长大选，克林顿官复原职。

此后，希拉里也不惜改头换面，“牺牲”自我——首先在名字的全称上加上了丈夫的姓，以彰显第一夫人的和顺贤惠，母仪全州；后来她又把自己厚厚的眼镜换为隐形眼镜，做了个闪亮柔和的发型，并减掉了15磅，打扮得更加时尚得体。

总之，为了丈夫的事业，希拉里不断地隐忍自己的个性。

人们常说，江山易改，本性难移。救活一个人容易，改变一个人的性格就难了。可见，改变个性是件多么令人痛苦的事情。但希拉里却做到了。比尔·克林顿终于不负“妻”望，在随后的几年里5次蝉联州长职位。

在以大局为重的妻子全力支持下，1992年11月3日，克林顿竟然走进了白宫，如愿以偿地当上了美国总统，并于1996年11月连任。

可是，克林顿老毛病不改，又闯下了与白宫实习生莱温斯基有染的弥天大祸。

1998年共和党人斯塔尔在调查“白水事件”过程中转而集中调查克林顿的私生活，克林顿被指责与莫尼卡·莱温斯基有染，借此弹劾调查克林顿。而随后媒体又不断炮制出各种与克林顿有关的花边新闻。

克林顿处此尴尬境地，招也不是，不招也不是，内受良心的谴责，外受公众舆论的压力。

希拉里听着克林顿硬着头皮讲出的不忠艳情，一向以吃醋闻名的希拉里，其内心自然是十分恼怒的。

当自己的家庭生活成为几十亿人的笑柄之时，希拉里这位公众眼中一向严于律己的女强人的尊严几乎被践踏得一丝不剩。她在其回忆录《亲历历史》中曾详细描述过这一丑闻给她带来的巨大痛苦：“作为一个妻子，我真想扭断他的脖子!”

面对这场突如其来的灾难，希拉里表现得异常勇敢。她在权衡利弊之后，倍感委屈的希拉里决定收起愤怒与羞辱，表示原谅克林顿，并坚定地站在丈夫身边，支持他挺过这一关。没有人看到她被愤怒扭曲的脸，没有人看到她悲伤哭泣。拥有高度政治智慧的希拉里显示出了她坚毅的性格，在人们同情和唾弃的目光中，她扬起了高贵的头颅。她平静地宣称仍爱着克林顿；如常陪伴他飞往各地，把一家三口的相亲相爱画面传遍全球。

希拉里在回忆录中写到："虽然我决定不了我应该为我的丈夫而奋斗还是为自己的婚姻而争取，但有一点毫无疑问，我必须支持总统的职位！"

类似希拉里的遭遇，相信不少女性感同深受，但扪心自问，自己是否能像她那样适时退让？无论如何结果是圆满的：她赢得了所有人的同情和尊重，也有那个她恨得咬牙切齿，但同时又仍然互相爱着的丈夫留在了身边。

确实，在特定的情况下，"退"很难做到，但是要想让夫妻关系"海阔天空"起来，这又是你必须迈出的一步。

如何处理好夫妻之间的关系是一门大学问，需要人们倾其一生的精力去研修。在如何与自己的另一半相处的问题上没有一定之规，前面我们提到了关爱、成全等，但显然是不够的，还有一个原则必须把握好，即进退有度。